U0353755

手工坊七彩童年系列
SHOUGONGFANG QICAI TONGNIAN XILIE

韩式百变
宝贝童装

可爱的韩款童装
让宝贝变身百变小明星

3~6岁

● 阿瑛 郑红/编

中国纺织出版社

内 容 提 要

本书精选40余款3～6岁的韩式宝贝童装，开衫、连衣裙、外套应有尽有，款式新颖、编织方法独特，线材也容易购买。每一款都有详细的编织图解，新手也能轻松学会。

图书在版编目（CIP）数据

韩式百变宝贝童装. 3～6岁 / 阿瑛，郑红编. — 北京：中国纺织出版社，2015.8
（手工坊七彩童年系列）
ISBN 978-7-5180-1814-7

Ⅰ．①韩… Ⅱ．①阿… ②郑… Ⅲ．①童服—毛衣—手工编织—图集 Ⅳ．①TS941.763.1-64

中国版本图书馆CIP数据核字（2015）第157531号

策划编辑：刘 茸 向 隽　　　　　　责任印制：储志伟
责任编辑：刘 茸　　　　　　　　　　封面设计：盛小静
编　　委：石 榴 邵海燕

中国纺织出版社出版发行
地址：北京市朝阳区百子湾东里A407号楼　 邮政编码：100124
销售电话：010-67004416　 传真：010-87155801
http://www.c-textilep.com
E-mail:faxing@c-textilep.com
中国纺织出版社天猫旗舰店
官方微博http://weibo.com/2119887771
湖南雅嘉彩色印刷有限公司　 各地新华书店经销
2015年8月第1版第1次印刷
开本：889×1194　 1 / 16　 印张：10
字数：180千字　 定价：29.80元

目录 Contents

橙色荷叶边
小背心
NO.1

编织方法见

第 81 页

编织方法见
第 83 页

粉色爱心
背心裙
NO.2

编织方法见

第 84 页

大红色可爱
圆球开衫
NO.3

灰色绒绒
连衣裙
NO.4

编织方法见
第 86 页

编织方法见

第 88 页

姜黄色
镂空罩衫
NO.6

编织方法见
第 90 页

编织方法见

第 92 页

橘红色
带帽外套
NO.7

白色可爱
蝴蝶结罩衫
NO.8

编织方法见
第 93 页

灰色竖条纹
高领背心
NO.9

编织方法见

第 94 页

灰绿色
桃心外套
NO.10

编织方法见

第 95 页

编织方法见

第 97 页

蓝色圆球
五分袖套头衫
NO.12

编织方法见

第 99 页

编织方法见

第 102 页

白色菱格
花样外套
NO.13

编织方法见
第 104 页

白色五分袖
双排扣外套
NO.14

编织方法见

第 106 页

紫色
简约开衫
NO.15

编织方法见

第 108 页

粉色菱格
镂空带帽背心
NO.16

浅粉色可爱
球球外套
NO.17

编织方法见

第 110 页

编织方法见
第 112 页

浅紫色
大翻领背心
NO.18

褐色大口袋
带帽背心
NO.19

编织方法见

第113页

蓝色
翻领背心
NO.20

编织方法见
第 114 页

浅粉色
叶子花边开衫
NO.21

编织方法见

第 116 页

41

浅粉色牛角扣
带帽开衫
NO.22

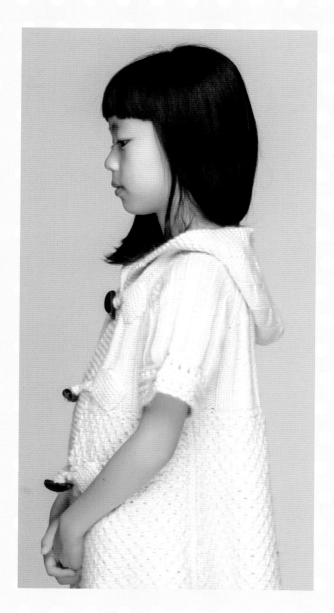

编织方法见

第 118 页

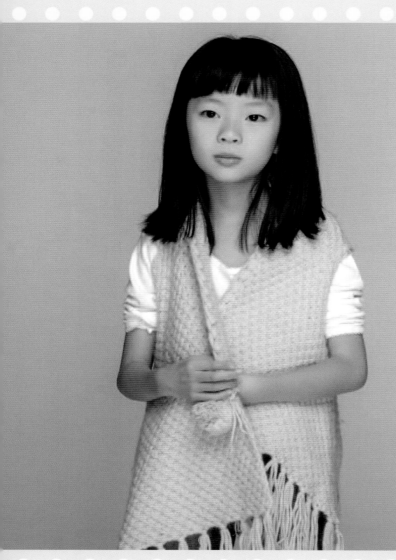

浅绿色
流苏马甲
NO.23

编织方法见

第 119 页

姜黄色
镂空开衫
NO.24

编织方法见
第120页

编织方法见

第 122 页

米白色银丝线
简约开衫
NO.25

编织方法见

第 123 页

编织方法见

第 126 页

亮黄色双层
摆外套
NO.27

编织方法见
第 128 页

绿色桂花针
短袖衫
NO.29

编织方法见

第130页

深灰色罗纹
简约外套
NO.30

编织方法见

第132页

浅褐色
菱格套头衫
NO.31

编织方法见
第 134 页

编织方法见
第 136 页

姜黄色
大翻领外套
NO.32

编织方法见
第 138 页

编织方法见
第 140 页

深褐色
条纹立领外套
NO.34

编织方法见
第 141 页

编织方法见

第 142 页

紫色
简约背心
NO.37

编织方法见

第 144 页

深蓝色
带帽拉链外套
NO.38

编织方法见
第 145 页

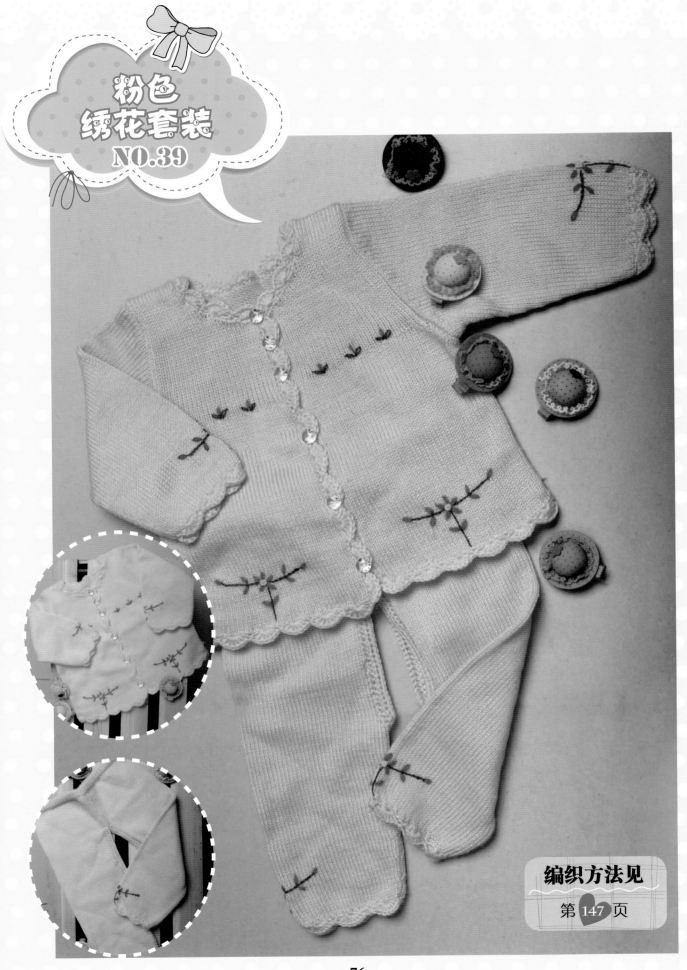

粉色
绣花套装
NO.39

编织方法见
第 147 页

编织方法见

第 149 页

可爱
兔子开衫
NO.41

编织方法见
第 151 页

白色方块
花样套头衫
NO.42

编织方法见

第 153 页

深蓝色
圆领套头衫
NO.43

编织方法见

第 155 页

编织方法见
第156页

彩图见 第 6 页

NO.1
橙色荷叶边小背心

工具

直径4.2mm棒针

成品尺寸

衣长38cm、胸围71cm、背肩宽26cm

材料

中粗羊毛线橙色300g，直径为20mm的纽扣4颗

编织密度

花样编织A、B、下针编织、单罗纹编织
20针×29行/10cm

结构图

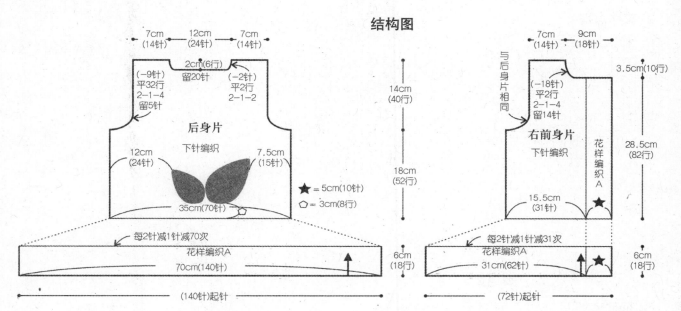

7cm（14针）　12cm（24针）　7cm（14针）

2cm（6行）
留20针

（−9针）
平32行
2−1−4
留5针

（−2针）
平2行
2−1−2

后身片

下针编织

12cm（24针）　　7.5cm（15针）

35cm（70针）

★ = 5cm（10针）

⬠ = 3cm（8行）

14cm（40行）

18cm（52行）

每2针减1针减70次

花样编织A
70cm（140针）

6cm（18行）

（140针）起针

7cm（14针）　9cm（18针）

与后身片相同

3.5cm（10行）

（−18针）
平2行
2−1−4
留14针

右前身片

下针编织

花样编织A

15.5cm（31针）

28.5cm（82行）

每2针减1针减31次

花样编织A
31cm（62针）

6cm（18行）

（72针）起针

款式图

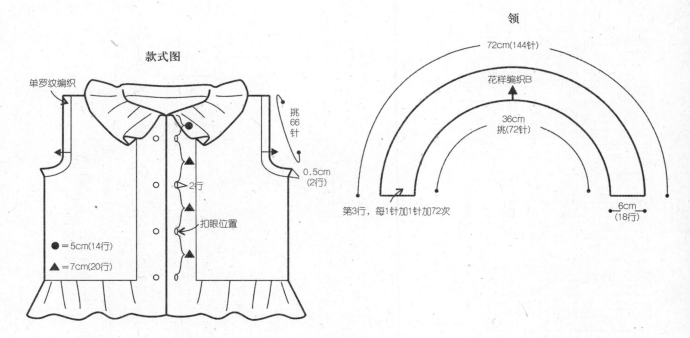

单罗纹编织

挑66针

0.5cm（2行）

2行

扣眼位置

● = 5cm（14行）

▲ = 7cm（20行）

领

72cm（144针）

花样编织B

36cm
挑（72针）

第3行，每1针加1针加72次

6cm（18行）

81

花样编织B

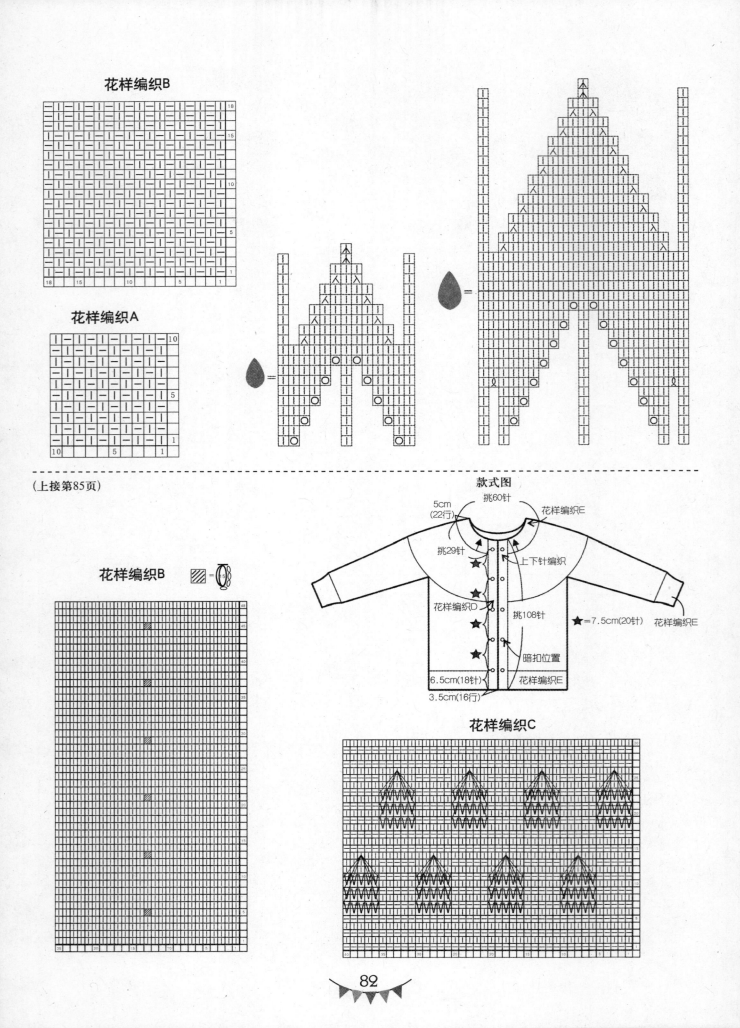

花样编织A

花样编织B

▨ = ⦿⦿⦿

（上接第85页）

款式图

5cm
(22行)
挑60针
花样编织E
挑29针
上下针编织
花样编织D
挑108针
★=7.5cm(20针)
花样编织E
暗扣位置
6.5cm(18针)
花样编织E
3.5cm(16行)

花样编织C

工具

3.9mm棒针

成品尺寸

衣长48cm、胸围59cm、背肩宽27cm

编织密度

花样编织A、C　23针×25行/10cm
花样编织B、D、E、F、下针编织
19针×28行/10cm

材料

中粗羊毛线粉色300g

结构图

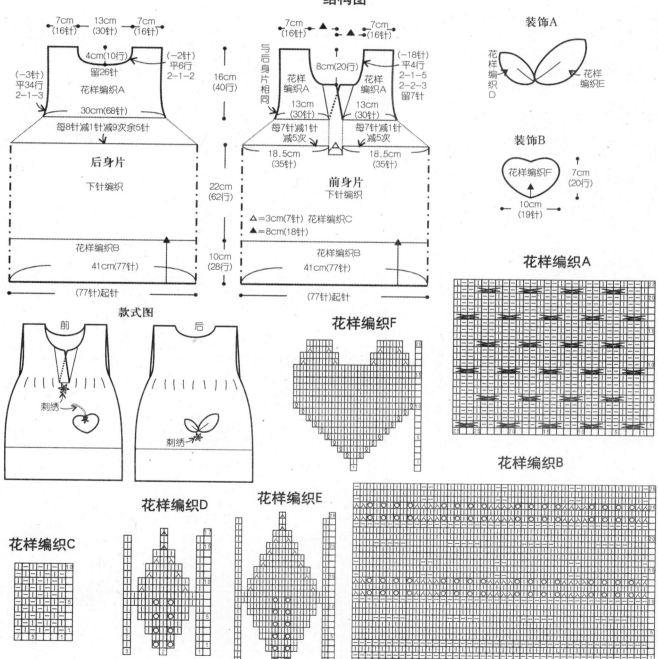

7cm(16针)　13cm(30针)　7cm(16针)

(−2针)平6行 2-1-2
4cm(10行)
留26针
(−3针)平34行 2-1-3
花样编织A
30cm(68针)
每8针减1针减9次余5针
后身片
下针编织
花样编织B
41cm(77针)
(77针)起针

16cm(40行)
22cm(62行)
10cm(28行)

7cm(16针)　7cm(16针)
8cm(20行)
与后身片相同
花样编织A
(−18针)平4行 2-1-5 2-2-3 留7针
13cm(30针)　13cm(30针)
每7针减1针减5次
18.5cm(35针)　18.5cm(35针)
前身片
下针编织
△=3cm(7针) 花样编织C
▲=8cm(18针)
花样编织B
41cm(77针)
(77针)起针

装饰A

花样编织D　花样编织E

装饰B

花样编织F
7cm(20行)
10cm(19针)

花样编织A

花样编织F

花样编织B

款式图

前　后

刺绣
刺绣

花样编织C

花样编织D

花样编织E

NO.3
大红色 可爱圆球开衫
彩图见 第 10 页

工具

3.3mm棒针

成品尺寸

衣长48cm、胸围75cm、肩袖长41.5cm

编织密度

花样编织A、B、D、E、上下针编织、
下针编织 27针×42行/10cm
花样编织C 27针×60行/10cm

材料

中粗羊毛线大红色340g，
暗扣5颗

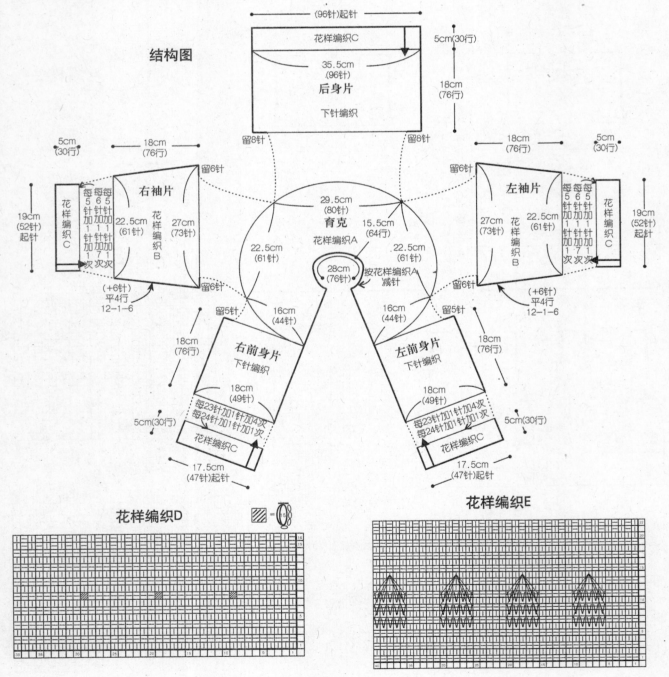

结构图

(96针)起针

花样编织C
5cm(30行)

35.5cm
(96针)

后身片

下针编织

18cm
(76行)

留8针   留8针

5cm   18cm   18cm   5cm
(30行)   (76行)   (76行)   (30行)

留6针   留6针

右袖片   **左袖片**

花样编织C   22.5cm   27cm   27cm   22.5cm   花样编织C
19cm   (61针)   花样编织   (73针)   (73针)   花样编织   (61针)   19cm
(52针)起针   B   B   (52针)起针

29.5cm
(80针)

育克

15.5cm
花样编织A   (64行)

22.5cm   22.5cm
(61针)   (61针)

28cm
(76针)

按花样编织A
减针

(+6针)   (+6针)
平4行   平4行
12-1-6   12-1-6

留6针   留6针

留5针   16cm   16cm   留5针
(44针)   (44针)

18cm   18cm
(76行)   (76行)

右前身片   **左前身片**

下针编织   下针编织

18cm   18cm
(49针)   (49针)

每23针加1针加4次   每23针加1针加4次
每24针加1针加1次   每24针加1针加1次

5cm(30行)   5cm(30行)

花样编织C   花样编织C

17.5cm   17.5cm
(47针)起针   (47针)起针

花样编织D $\boxed{\diagup}$ = ∞

花样编织E

花样编织A

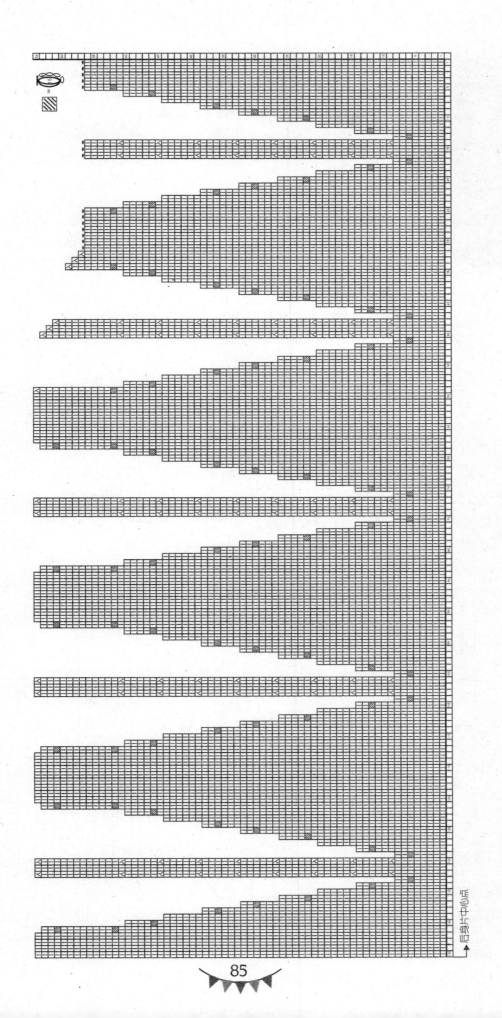

后身片中心点

85

（下转第82页）

☆ **NO.4** ☆
灰色绒绒连衣裙

彩图见 第 **12** 页

🌿 **工具**

3.9mm棒针

🌿 **成品尺寸**

衣长56cm、胸围58cm、肩袖长18.5cm

🌿 **材料**

中粗羊毛线灰色400g

🌿 **编织密度**

花样编织A、B、C、D、E、单罗纹编织
22针×29行/10cm

花样编织A

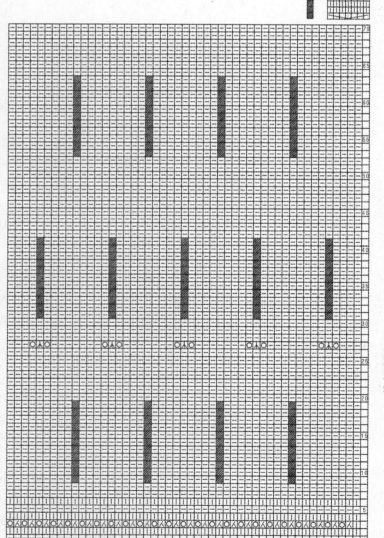

花样编织B

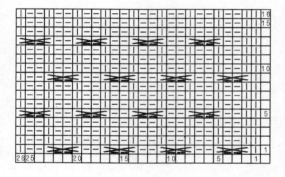

花样编织E

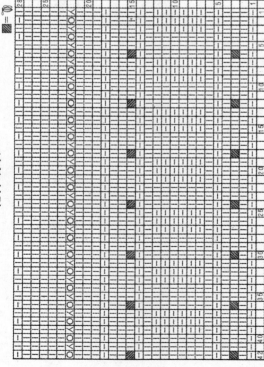

结构图

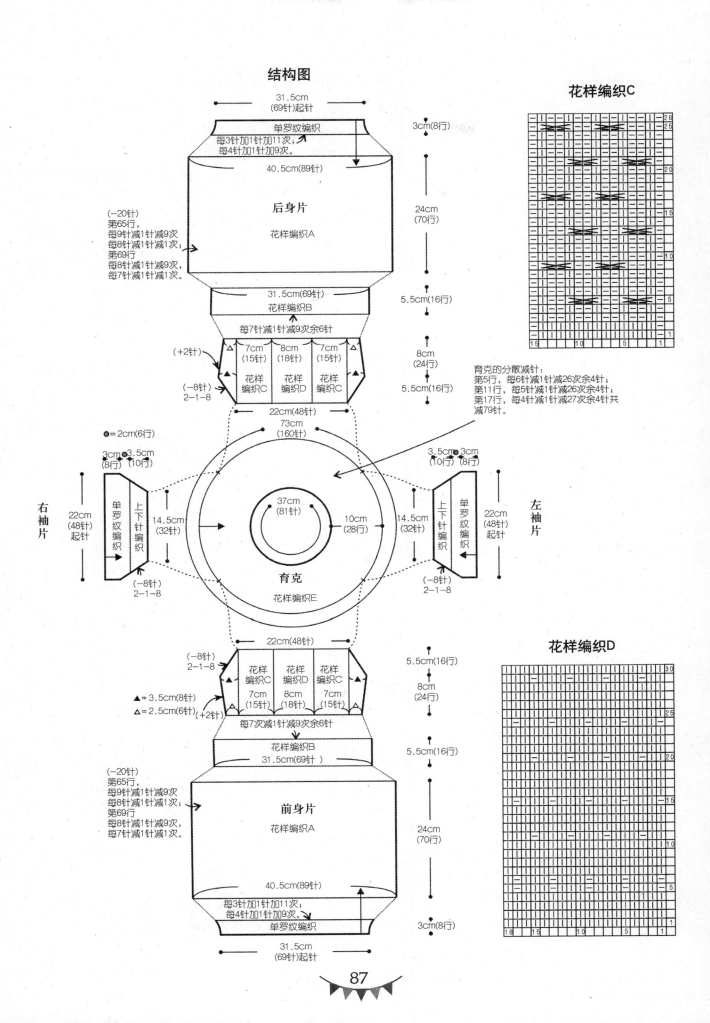

31.5cm
(69针)起针

单罗纹编织
每3针加1针加11次；
每4针加1针加9次。

40.5cm(89针)

后身片

花样编织A

(−20针)
第65行,
每9针减1针减9次
每8针减1针减1次；
第69行
每8针减1针减9次,
每7针减1针减1次。

3cm(8行)

24cm
(70行)

31.5cm(69针)
花样编织B

5.5cm(16行)

每7针减1针减9次余6针

(+2针)

7cm
(15针)
8cm
(18针)
7cm
(15针)

花样
编织C
花样
编织D
花样
编织C

(−8针)
2-1-8

8cm
(24行)

5.5cm(16行)

育克的分散减针:
第5行, 每6针减1针减26次余4针;
第11行, 每5针减1针减26次余4针;
第17行, 每4针减1针减27次余4针共
减79针。

22cm(48针)

●=2cm(6行)

3cm●3.5cm
(8行)●(10行)

右袖片

22cm
(48针)
起针

单罗纹编织
上下针编织

14.5cm
(32针)

(−8针)
2-1-8

73
(160针)

37cm
(81针)

10cm
(28行)

14.5cm
(32针)

育克
花样编织E

3.5cm●3cm
(10行)●(8行)

上下针编织
单罗纹编织

22cm
(48针)
起针

左袖片

(−8针)
2-1-8

22cm(48针)

(−8针)
2-1-8

花样
编织C
花样
编织D
花样
编织C

7cm
(15针)
8cm
(18针)
7cm
(15针)

▲=3.5cm(8针)

△=2.5cm(6针)(+2针)

每7次减1针减9次余6针

花样编织B
31.5cm(69针)

5.5cm(16行)

8cm
(24行)

5.5cm(16行)

(−20针)
第65行,
每9针减1针减9次
每8针减1针减1次；
第69行
每8针减1针减9次,
每7针减1针减1次。

40.5cm(89针)

前身片

花样编织A

每3针加1针加11次；
每4针加1针加9次。

单罗纹编织

31.5cm
(69针)起针

24cm
(70行)

3cm(8行)

花样编织C

花样编织D

NO.5 米色圆球背心裙

彩图见 第 14 页

工具

3.3mm棒针

成品尺寸

衣长46cm、胸围69cm、背肩宽29cm

材料

中粗羊毛线米色260g，直径为10mm的纽扣14颗

编织密度

花样编织A、B、C，下针编织，单罗纹编织　27针×42行/10cm

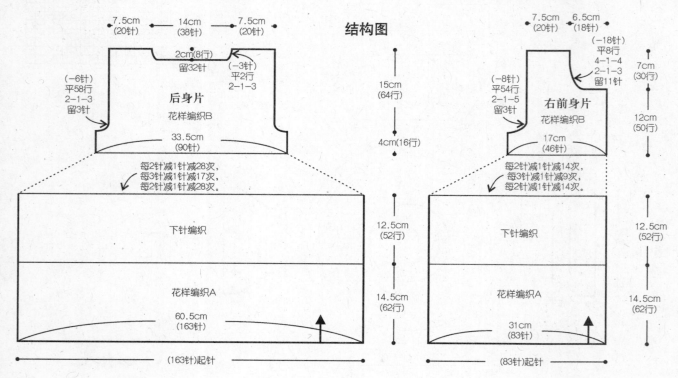

结构图

后身片

7.5cm（20针）　14cm（38针）　7.5cm（20针）

2cm（8行）留32针

（−3针）平2行　2−1−3

（−6针）平58行　2−1−3　留3针

花样编织B

33.5cm（90针）

每2针减1针减28次，每3针减1针减17次，每2针减1针减28次。

下针编织

花样编织A

60.5cm（163针）

（163针）起针

15cm（64行）

4cm（16行）

12.5cm（52行）

14.5cm（62行）

右前身片

7.5cm（20针）　6.5cm（18针）

（−18针）平8行　4−1−4　2−1−3　留11针

（−8针）平54行　2−1−5　留3针

花样编织B

17cm（46针）

每2针减1针减14次，每3针减1针减9次，每2针减1针减14次。

下针编织

花样编织A

31cm（83针）

（83针）起针

7cm（30行）

12cm（50行）

12.5cm（52行）

14.5cm（62行）

款式图

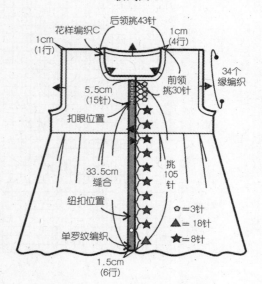

花样编织C　后领挑43针　1cm（4行）

1cm（1行）

34个缘编织

5.5cm（15针）

前领挑30针

扣眼位置

33.5cm缝合

挑105针

纽扣位置

单罗纹编织

⬠ = 3针
▲ = 18针
★ = 8针

1.5cm（6行）

花样编织B

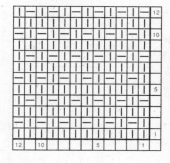

花样编织C

缘编织

1个缘编织

花样编织A

NO.6
姜黄色镂空罩衫

彩图见 第 16 页

工具

5.1mm棒针

材料

中粗羊毛线姜黄色260g

成品尺寸

衣长32.5cm、胸围68cm、肩袖长34.5cm

编织密度

花样编织A、C、D、E　19针×26行/10cm
花样编织B　13针×26行/10cm

结构图

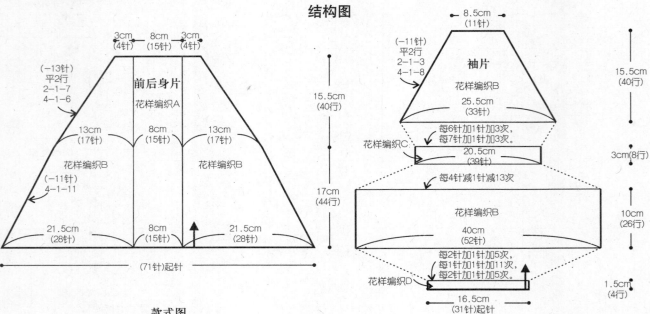

前后身片：

- 3cm（4针）　8cm（15针）　3cm（4针）
- （-13针）平2行 2-1-7 4-1-6
- 13cm（17针）　8cm（15针）　13cm（17针）
- 前后身片 花样编织A
- 花样编织B
- （-11针）4-1-11
- 21.5cm（28针）　8cm（15针）　21.5cm（28针）
- 15.5cm（40行）
- 17cm（44行）
- （71针）起针

袖片：

- 8.5cm（11针）
- （-11针）平2行 2-1-3 4-1-8
- 袖片 花样编织B
- 25.5cm（33针）
- 15.5cm（40行）
- 每6针加1针加3次，每7针加1针加3次。
- 花样编织C　20.5cm（39针）
- 3cm（8行）
- 每4针减1针减13次
- 花样编织B　40cm（52针）
- 10cm（26行）
- 每2针加1针加5次，每1针加1针加11次，每2针加1针加5次。
- 花样编织D　16.5cm（31针）起针
- 1.5cm（4行）

款式图

挑68针
花样编织E
4.5cm（12行）

花样编织C

□ = □　▨ = ◠(5针)

花样编织B

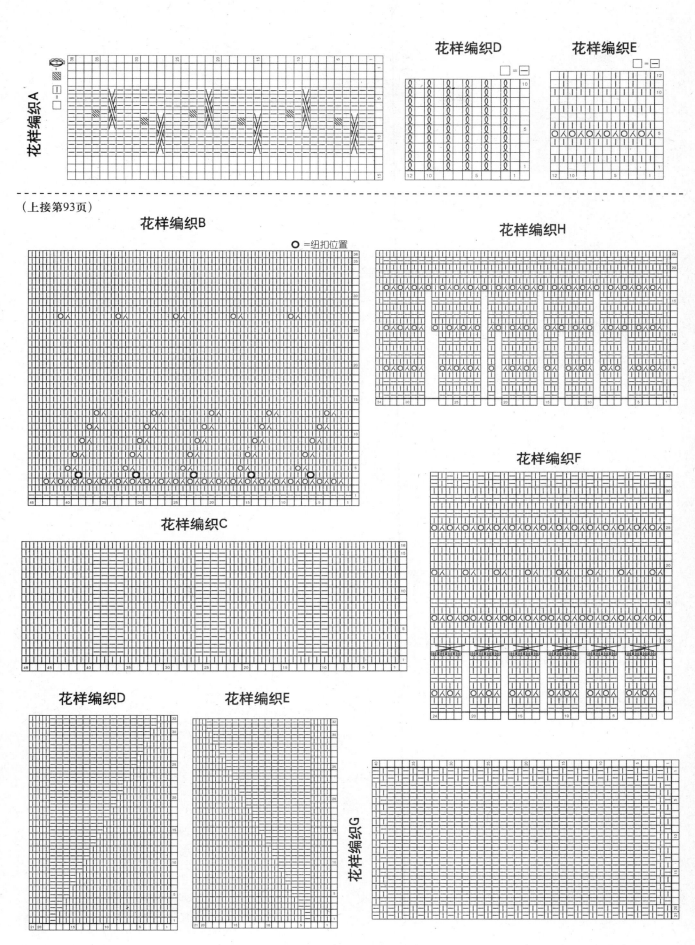

花样编织A

花样编织D

花样编织E

（上接第93页）

花样编织B

O =纽扣位置

花样编织H

花样编织C

花样编织F

花样编织D

花样编织E

花样编织G

 NO.7
橘红色带帽外套

彩图见 第 18 页

彩图见 第 18 页

 工具

3.3mm棒针

 成品尺寸

衣长41cm、胸围68.5cm、肩袖长37cm

 材料

中粗羊毛线橘红色550g，
牛角扣4颗

编织密度

花样编织A、B、C，上下针编织
24针×47行/10cm

结构图

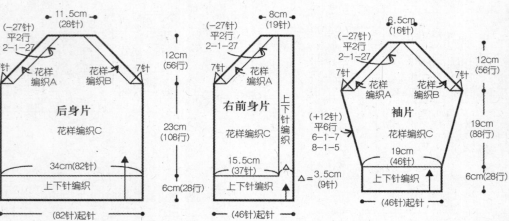

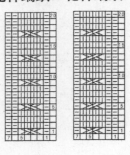

花样编织A 花样编织B

花样编织C

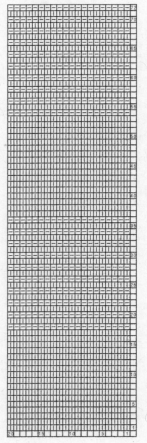

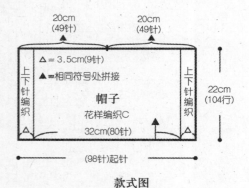

扣襻的制作方法：

上下针编织 3.5cm(16行)
3.5cm
(9针)

1.上下针编织一个3.5cm的正方形。

2.将正方形旋转45°，搓一条麻花绳对折打一个结，把绳子的两端固定在正方形的一个角上。

3.将牛角扣和编织好的正方形固定在衣服上即可。

款式图

扣襻
位置

★=9.5cm(44行)　★=3cm(14行)

🌿 工具

4.2mm棒针

🌿 成品尺寸

衣长42.5cm、胸围65.5cm、背肩宽24cm、
袖长18cm

🌿 材料

中粗羊毛线白色420g，直径为
10mm的纽扣42颗

🌿 编织密度

花样编织、下针编织、双罗纹编织
21针×30行/10cm

结构图

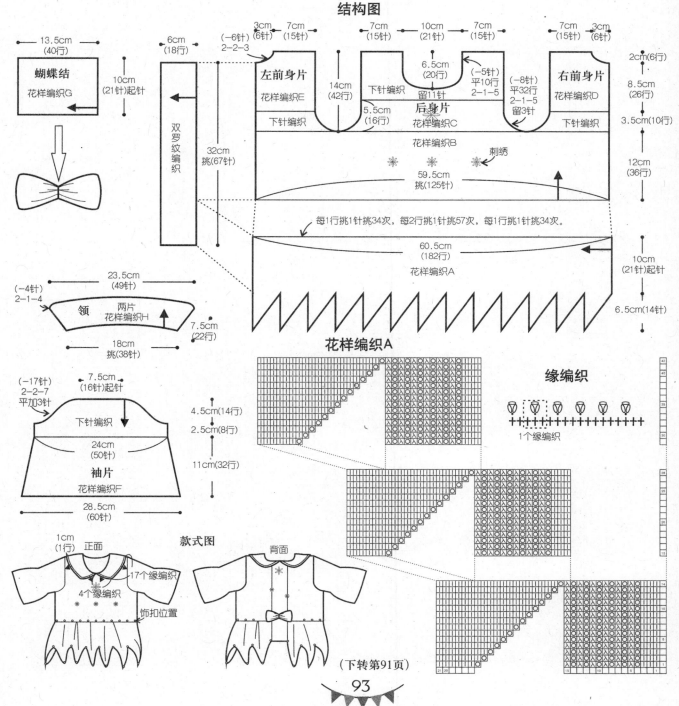

13.5cm（40行）

蝴蝶结
花样编织G

10cm（21针）起针

6cm（18行）

双罗纹编织

32cm挑（67针）

3cm（6针）2-2-3
（-6针）

7cm（15针）

左前身片
花样编织E

下针编织

14cm（42行）

7cm（15针）
下针编织

5.5cm（16行）

10cm（21针）

6.5cm（20行）
留11针
后身片
花样编织C
花样编织B

7cm（15针）

（-5针）平10行2-1-5

（-8针）平32行2-1-5
留3针

7cm（15针）

右前身片
花样编织D

下针编织

3cm（6针）

2cm（6行）

8.5cm（26行）

3.5cm（10行）

12cm（36行）

10cm（21针）起针

6.5cm（14针）

※ ※ ※ 刺绣

59.5cm挑（125针）

每1行挑1针挑34次，每2行挑1针挑57次，每1行挑1针挑34次。

60.5cm（182行）
花样编织A

23.5cm（49针）
（-4针）2-1-4

领 两片
花样编织H

7.5cm（22行）

18cm挑（38针）

7.5cm（16针）起针
（-17针）2-2-7平加3针

下针编织

4.5cm（14行）
2.5cm（8行）

11cm（32行）

24cm（50针）

袖片
花样编织F

28.5cm（60针）

花样编织A

缘编织

1个缘编织

款式图

1cm（1行）正面

17个缘编织
4个缘编织
饰扣位置

背面

※

（下转第91页）

93

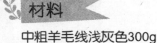

NO.9
灰色竖条纹高领背心
彩图见 第 22 页

工具

4.5mm棒针

成品尺寸

衣长49.5cm、胸围78cm、背肩宽35cm

材料

中粗羊毛线浅灰色300g

编织密度

花样编织、下针编织、上针编织、
双罗纹编织 17针×25行/10cm

结构图

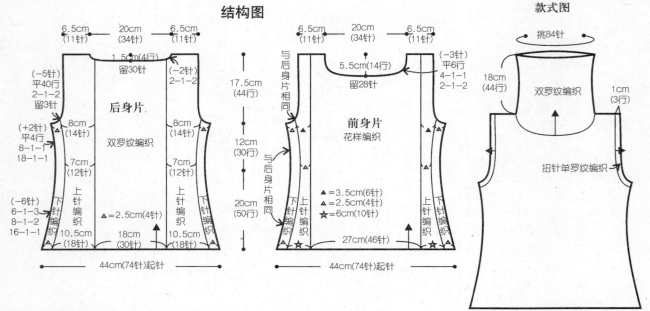

款式图

花样编织

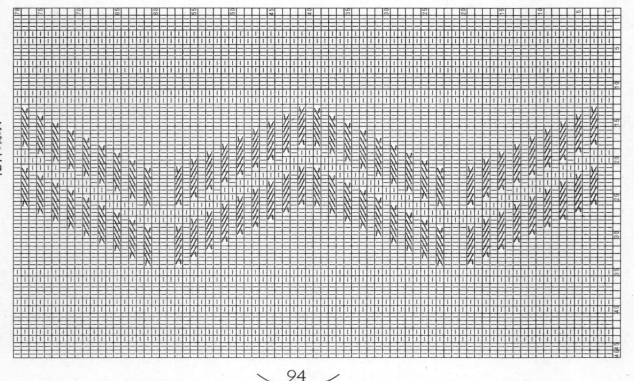

NO.10
灰绿色桃心外套

彩图见 第 (23) 页

工具

3.9mm棒针

材料

中粗羊毛线灰绿色600g，直径
为20mm的纽扣4颗

成品尺寸

衣长48.5cm、胸围74cm、肩袖长45.5cm

编织密度

花样编织A～H、下针编织、上下针编织
20针×34行/10cm

结构图

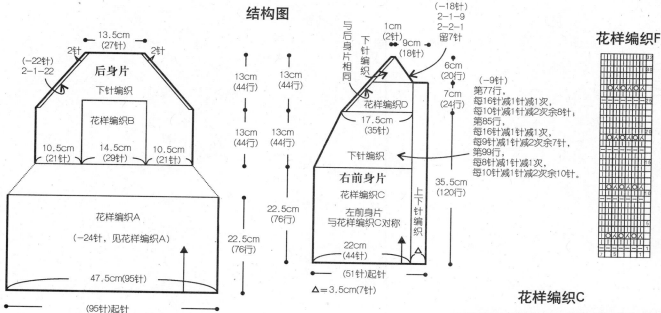

13.5cm（27针）
2针　2针
（-22针）2-1-22
后身片
下针编织
花样编织B
10.5cm（21针）　14.5cm（29针）　10.5cm（21针）
花样编织A
（-24针，见花样编织A）
47.5cm（95针）
（95针）起针

13cm（44行）　13cm（44行）
13cm（44行）　13cm（44行）
22.5cm（76行）　22.5cm（76行）

与后身片相同
下针编织
1cm（2针）
（-18针）2-1-9　2-2-1　留7针
9cm（18针）
6cm（20行）
花样编织D
17.5cm（35针）
7cm（24行）
下针编织
右前身片
花样编织C
左前身片
与花样编织C对称
上下针编织
35.5cm（120行）
（-9针）
第77行，每16针减1针减1次
每10针减1针减2次余8针；
第85行，每16针减1针减1次
每9针减1针减2次余7针，
第99行，每8针减1针减1次
每10针减1针减2次余10针。
22cm（44针）
（51针）起针
△=3.5cm（7针）

花样编织F

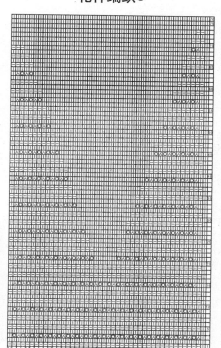

花样编织C

花样编织G

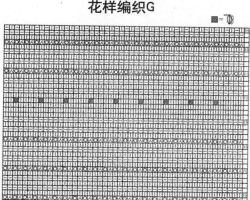

■=凸

装饰口袋

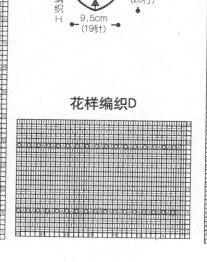

花样编织H
9.5cm（19针）
6cm（20行）

花样编织D

花样编织A

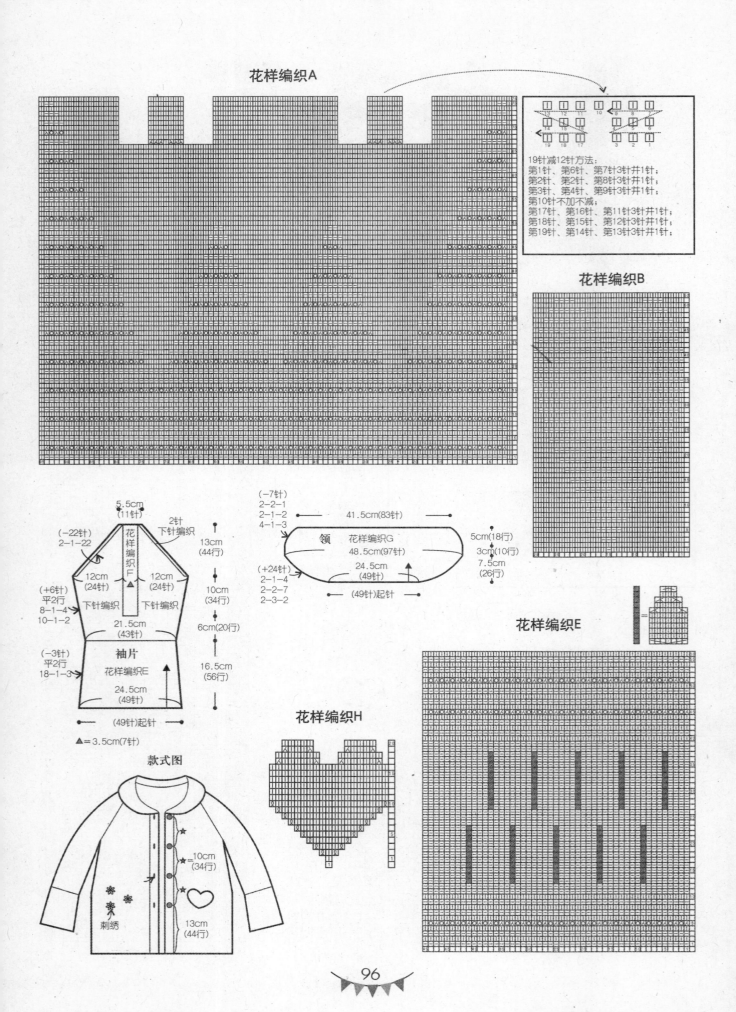

19针减12针方法：
第1针、第6针、第7针3针并1针；
第2针、第2针、第8针3针并1针；
第3针、第4针、第9针3针并1针；
第10针不加不减；
第17针、第16针、第11针3针并1针；
第18针、第15针、第12针3针并1针；
第19针、第14针、第13针3针并1针；

花样编织B

花样编织E

花样编织H

领　花样编织G
41.5cm(83针)
48.5cm(97针)
24.5cm
（49针）
（49针）起针
（-7针）
2-2-1
2-1-2
4-1-3
（+24针）
2-1-4
2-2-7
2-3-2
5cm(18行)
3cm(10行)
7.5cm
(26行)

5.5cm
(11针)
2针
下针编织
花样编织F
△
（-22针）
2-1-22
12cm
(24针)
12cm
(24针)
下针编织
下针编织
（+6针）
平2行
8-1-4
10-1-2
21.5cm
(43针)
袖片
花样编织E
（-3针）
平2行
18-1-3
24.5cm
(49针)
（49针）起针
13cm
(44行)
10cm
(34行)
6cm(20行)
16.5cm
(56行)
△=3.5cm(7针)

款式图
刺绣
★=10cm
(34行)
13cm
(44行)

NO.11
紫色五分袖开衫
彩图见 第 24 页

材料

中粗羊毛线紫色、灰色花线
600g，直径为20mm的纽扣3颗

工具

5.1mm棒针

成品尺寸

衣长61.5cm、胸围76cm、背肩宽34cm、袖长28cm

编织密度

花样编织A、B、D、E、F、G、H、I
下针编织　14.5针×20行/10cm
花样编织C、H、L　14.5针×26行/10cm

结构图

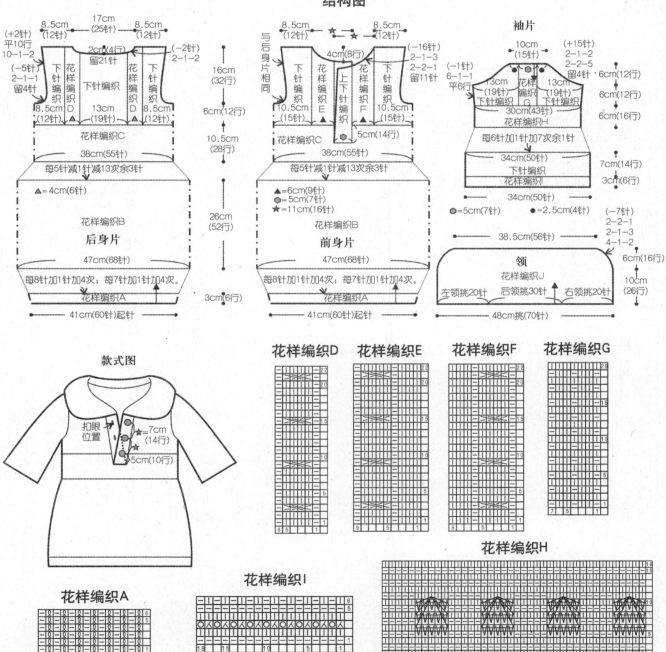

款式图

花样编织D　　花样编织E　　花样编织F　　花样编织G

花样编织I

花样编织H

花样编织A

（上接第101页）

花样编织B

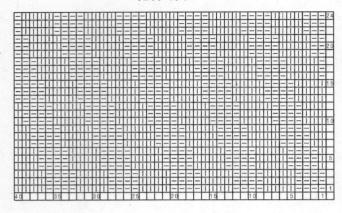

花样编织C

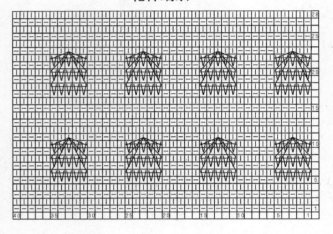

花样编织J

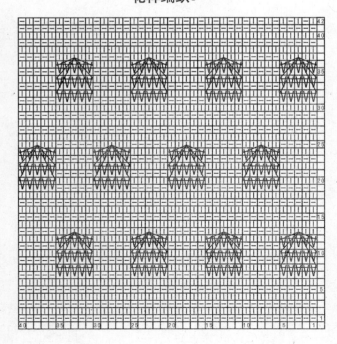

花样编织A

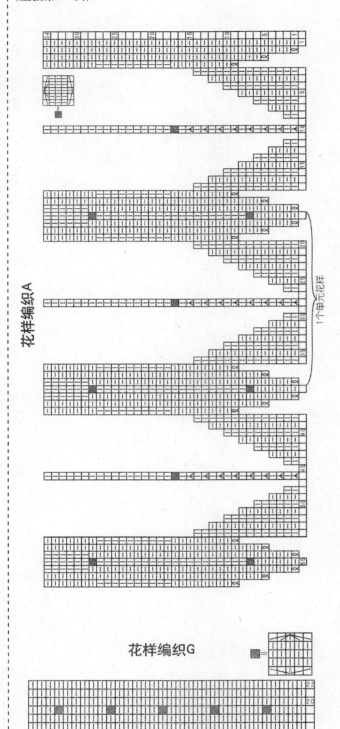

花样编织G

NO.12
蓝色圆球五分袖套头衫

彩图见 第 **25** 页

工具

3.9mm棒针

成品尺寸

衣长58.5cm、胸围68cm、肩袖长30cm

材料

中粗羊绒线深蓝色500g

编织密度

花样编织A～H、下针编织
22针×30行/10cm

花样编织C

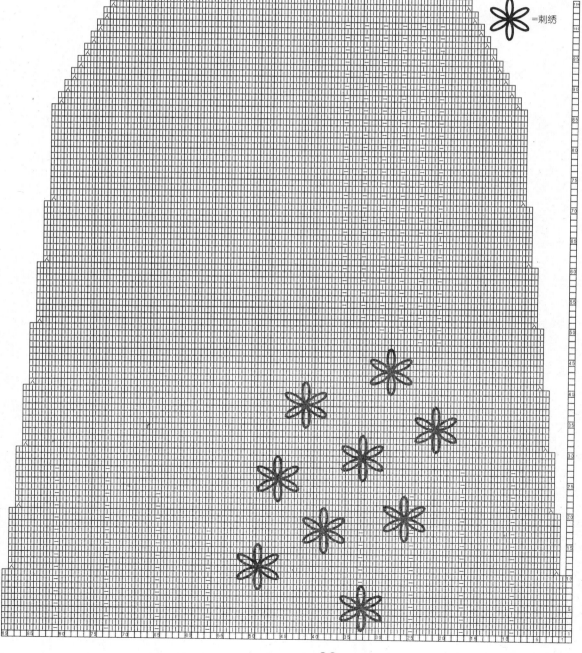

=刺绣

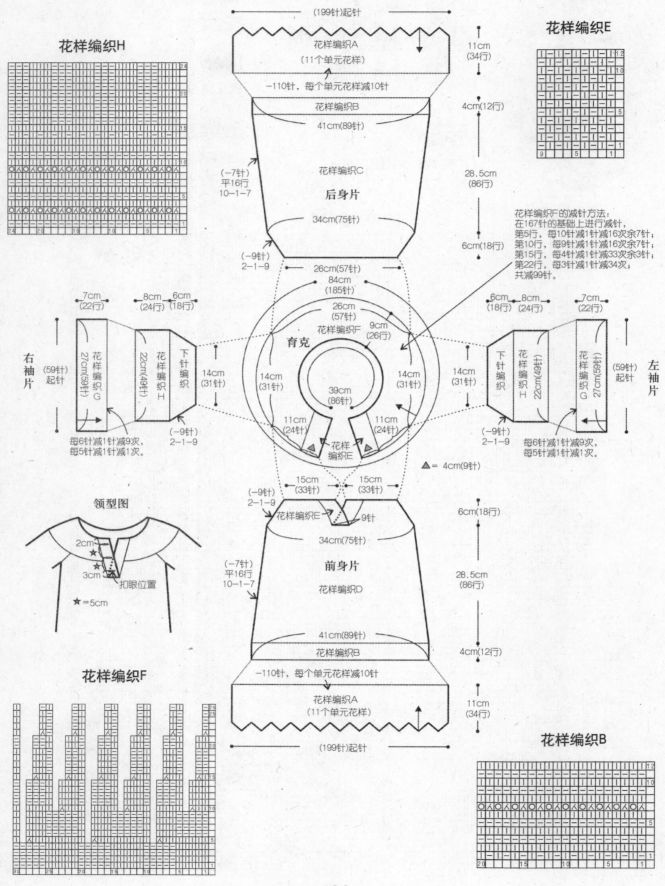

花样编织H

花样编织E

结构图

(199针)起针

花样编织A
(11个单元花样)

11cm
(34行)

−110针，每个单元花样减10针

花样编织B

4cm(12行)

41cm(89针)

(−7针)
平16行
10−1−7

花样编织C

后身片

28.5cm
(86行)

34cm(75针)

6cm(18行)

(−9针)
2−1−9

26cm(57针)

花样编织F的减针方法：
在167针的基础上进行减针，
第5行，每10针减1针减16次余7针；
第10行，每9针减1针减16次余7针；
第15行，每4针减1针减33次余3针；
第22行，每3针减1针减34次；
共减99针。

84cm
(185针)

7cm
(22行)

8cm
(24行)

6cm
(18行)

26cm
(57针)

9cm
(26行)

6cm
(18行)

8cm
(24行)

7cm
(22行)

右袖片

(59针)起针

花样编织G
27cm(59针)

花样编织H
22cm(49针)

下针编织

育克

花样编织F

14cm
(31针)

14cm
(31针)

14cm
(31针)

下针编织

花样编织H
22cm(49针)

花样编织G
27cm(59针)

(59针)起针

左袖片

每6针减1针减9次，
每5针减1针减1次。

(−9针)
2−1−9

14cm
(31针)

39cm
(86针)

14cm
(31针)

14cm
(31针)

(−9针)
2−1−9

每6针减1针减9次，
每5针减1针减1次。

领型图

11cm
(24针)

花样
编织E

11cm
(24针)

△ = 4cm(9针)

2cm

3cm

扣眼位置

★=5cm

(−9针)
2−1−9

15cm
(33针)

15cm
(33针)

6cm(18行)

花样编织E

9针

34cm(75针)

(−7针)
平16行
10−1−7

前身片

花样编织D

28.5cm
(86行)

41cm(89针)

花样编织B

4cm(12行)

−110针，每个单元花样减10针

花样编织A
(11个单元花样)

11cm
(34行)

(199针)起针

花样编织F

花样编织B

花样编织D

=刺绣

（下转第98页）

工具

3.9mm棒针

成品尺寸

衣长55.5cm、胸围93.5cm、背肩宽
31.5cm、袖长34.5cm

材料

中粗羊毛线白色700g

编织密度

花样编织A～G、下针编织、上下针编织、
单罗纹编织 20针×30行/10cm

结构图

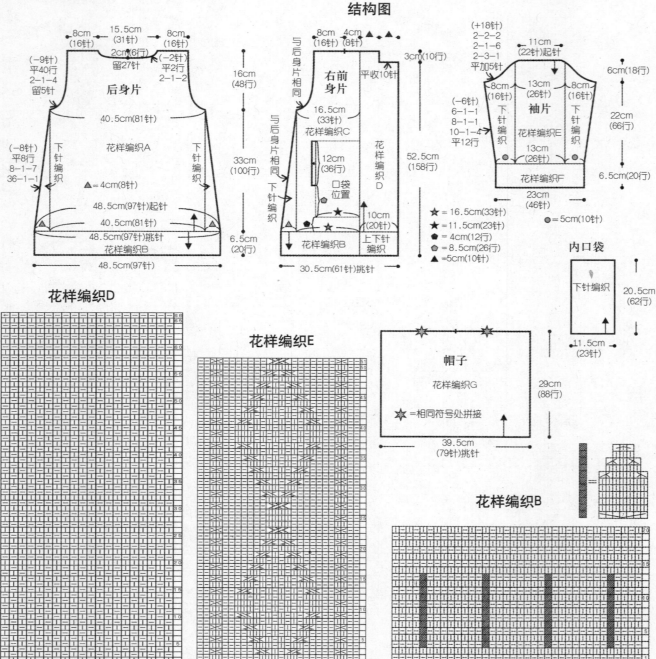

花样编织D

花样编织E

帽子

花样编织G

☆=相同符号处拼接

39.5cm
(79针)挑针

内口袋

下针编织

20.5cm
(62行)

11.5cm
(23针)

花样编织B

后身片

8cm(16针) 15.5cm(31针) 8cm(16针)
2cm(6行) 留27针
(−9针)平40行 2-1-4 留5针
(−2针)平2行 2-1-2
16cm(48行)
40.5cm(81针)
花样编织A
下针编织
(−8针)平8行 8-1-7 36-1-1
33cm(100行)
△=4cm(8针)
48.5cm(97针)起针
40.5cm(81针)
48.5cm(97针)挑针
花样编织B
6.5cm(20行)
48.5cm(97针)

右前身片
与后身片相同
8cm(16针) 4cm(8针)
平收10针 3cm(10行)
16.5cm(33针)
花样编织C
12cm(36行)
口袋位置
花样编织D
下针编织
上下针编织
52.5cm(158行)
10cm(20行)
花样编织B
30.5cm(61针)挑针
☆=16.5cm(33针)
★=11.5cm(23针)
⬟=4cm(12行)
⬠=8.5cm(26行)
▲=5cm(10针)

袖片
(+18针)2-2-2 2-1-6 2-3-1 平加5针
11cm(22针)起针
6cm(18行)
(−6针)8cm(16针) 6-1-1 8-1-1 10-1-4 平12行
13cm(26针) 下针编织
下针编织
花样编织E
13cm(26针)
22cm(66行)
6.5cm(20行)
花样编织F
23cm(46针)
●=5cm(10针)

花样编织A

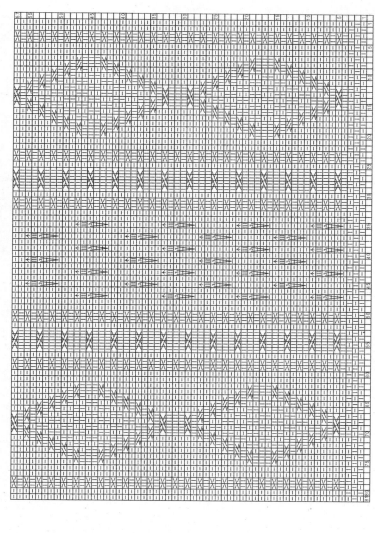
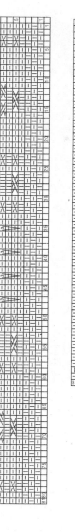

花样编织C

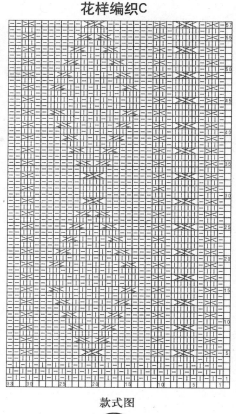

款式图

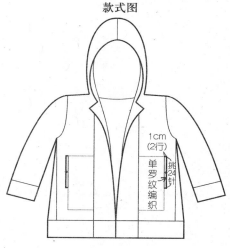

1cm
(2行)

挑24针

单罗纹编织

花样编织G

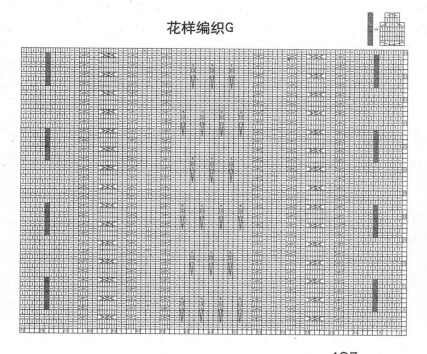

花样编织F

103

NO.14
白色五分袖双排扣外套

彩图见 第 28 页

工具

4.2mm棒针

成品尺寸

衣长48cm、胸围74.5cm、背肩宽31cm、袖长23cm

材料

中粗羊毛线白色600g，直径为15mm的纽扣7颗

编织密度

花样编织A～D、上下针编织、下针编织
19针×30行/10cm

结构图

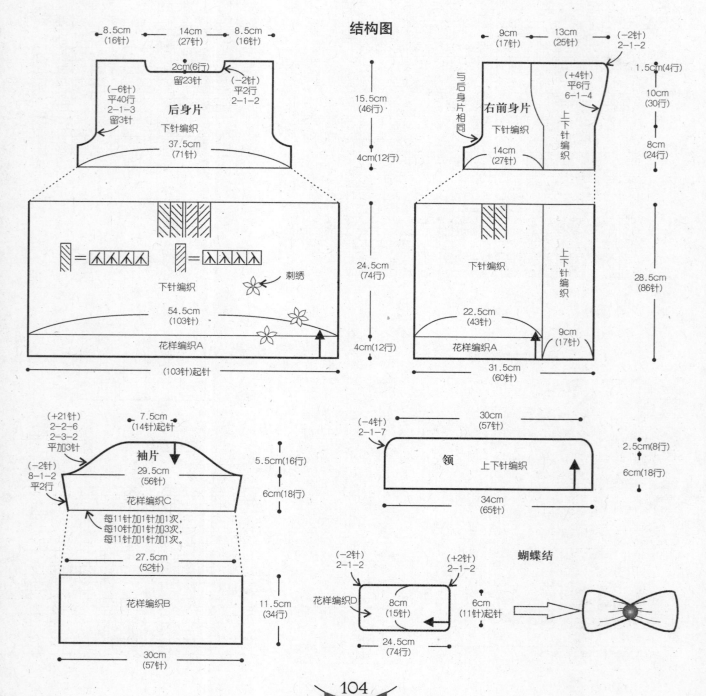

花样编织A

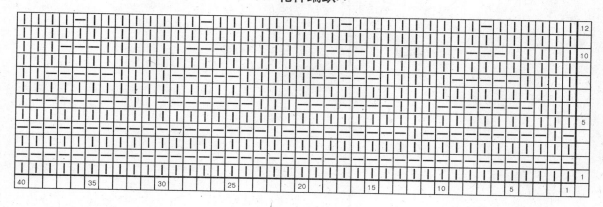

花样编织B

花样编织C

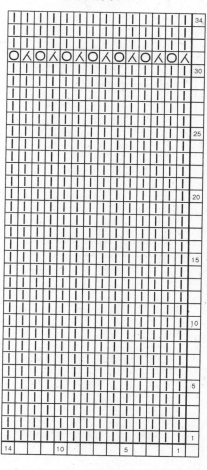

款式图

50cm线

10针

刺绣

扣眼位置

3针

14cm
(42行)

★ = 9.5cm
(28行)

花样编织D

NO.15
紫色简约开衫

彩图见 第 30 页

工具

4.5mm棒针

成品尺寸

衣长43cm、胸围88cm、背肩宽34.5cm、袖长28cm

材料

中粗羊毛线紫色300g，直径为10mm的纽扣5颗

编织密度

花样编织A～C、下针编织、单罗纹编织
24针×38行/10cm

结构图

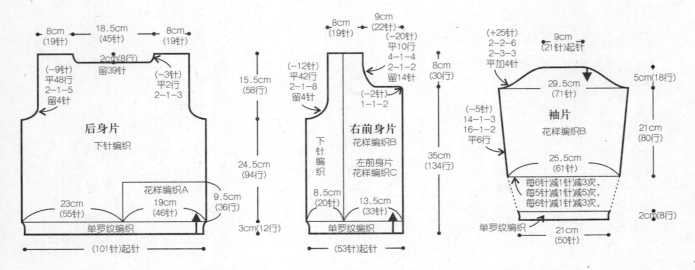

后身片

- 8cm（19针）
- 18.5cm（45针）
- 8cm（19针）
- 2cm(8行) 留39针
- （−9针）平48行 2-1-5 留4针
- （−3针）平2行 2-1-3
- 15.5cm（58行）
- 下针编织
- 24.5cm（94行）
- 花样编织A
- 23cm（55针）
- 19cm（46针）
- 9.5cm（36行）
- 单罗纹编织
- 3cm(12行)
- （101针）起针

右前身片

- 8cm（19针）
- 9cm（22针）
- （−20针）平10行 4-1-4 2-1-2 留14针
- （−12针）平42行 2-1-8 留4针
- （−2针）1-1-2
- 8cm（30行）
- 35cm（134行）
- 下针编织
- 右前身片 花样编织B
- 左前身片 花样编织C
- 8.5cm（20针）
- 13.5cm（33针）
- 单罗纹编织
- （53针）起针

袖片

- （+25针）2-2-6 2-3-3 平加4针
- 9cm（21针）起针
- 29.5cm（71针）
- 5cm(18行)
- （−5针）14-1-3 16-1-2 平6行
- 袖片 花样编织B
- 21cm（80行）
- 25.5cm（61针）
- 每6针减1针减3次，每5针减1针减5次，每6针减1针减3次。
- 单罗纹编织
- 21cm（50针）
- 2cm(8行)

花样编织B

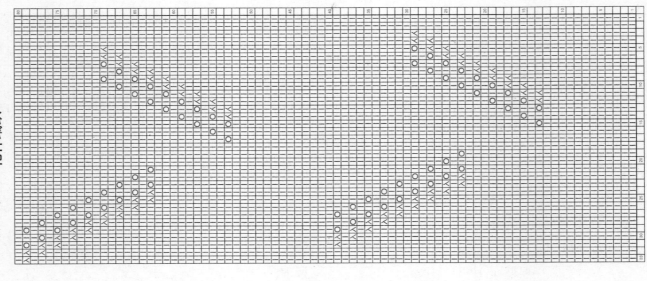

花样编织A

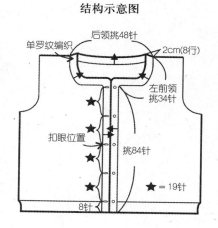

结构示意图

后领挑48针
单罗纹编织
2cm(8行)
左前领挑34针
扣眼位置
挑84针
★ = 19针
8针

花样编织C

NO.16
粉色菱格镂空带帽背心

彩图见 第 32 页

工具

4.2mm棒针

材料

中粗羊毛线粉红色320g

成品尺寸

衣长39.5cm、胸围77.5cm、背肩宽28cm

编织密度

花样编织A、B、C、D 19针×30行/10cm

结构图

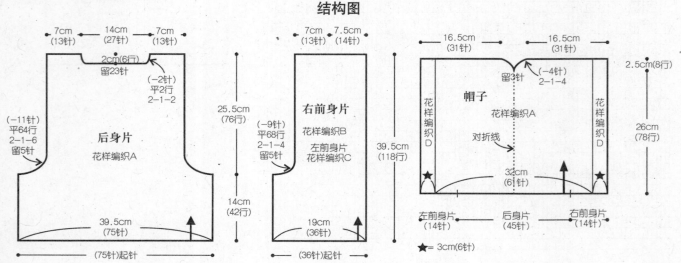

后身片
花样编织A

7cm（13针） 14cm（27针） 7cm（13针）
2cm(6行)
留23针
（−2针）平2行 2-1-2
（−11针）平64行 2-1-6 留5针
25.5cm（76行）
14cm（42行）
39.5cm（75针）
（75针）起针

右前身片
花样编织B
左前身片
花样编织C

7cm（13针） 7.5cm（14针）
（−9针）平68行 2-1-4 留5针
39.5cm（118行）
19cm（36针）
（36针）起针

帽子
花样编织A
对折线

16.5cm（31针） 16.5cm（31针）
留3针
（−4针）2-1-4
2.5cm(8行)
26cm（78行）
花样编织D
花样编织D
32cm（61针）
左前身片（14针）
后身片（45针）
右前身片（14针）
★= 3cm(6针)

花样编织A

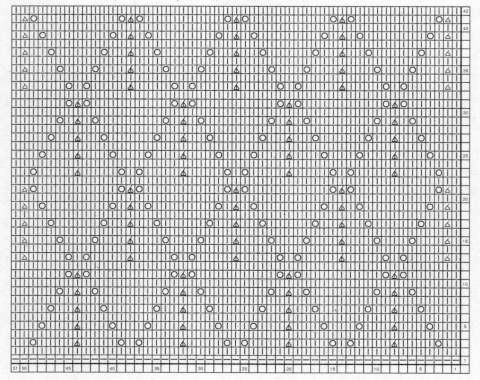

花样编织B

花样编织C

花样编织D

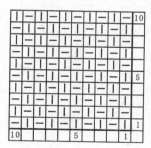

NO.17 浅粉色可爱球球外套

彩图见 第 34 页

工具
3.6mm棒针

成品尺寸
衣长46.5cm、胸围87.5cm、肩袖长46cm

材料
中粗羊毛线粉色650g

编织密度
花样编织A~F、下针编织
22针×34行/10cm

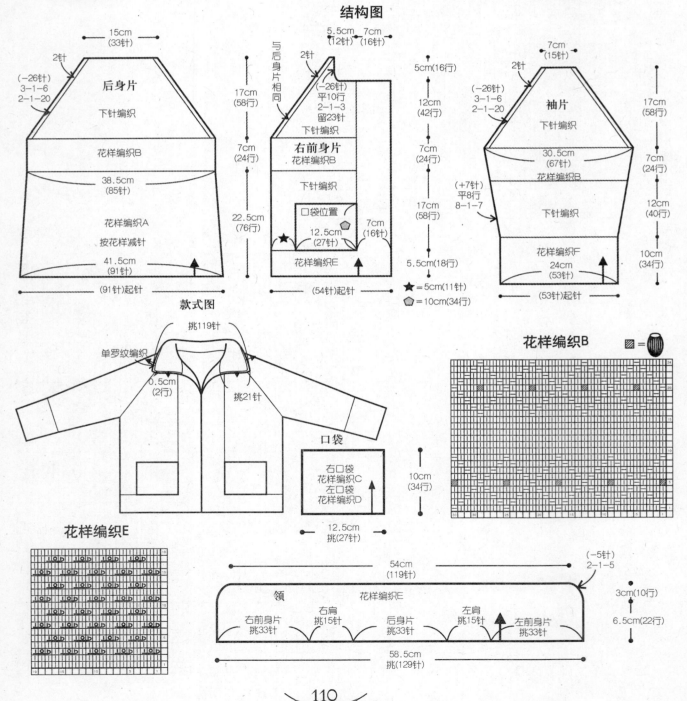

结构图

15cm
(33针)

2针

(-26针)
3-1-6
2-1-20

后身片

下针编织

花样编织B

38.5cm
(85针)

花样编织A
按花样减针

41.5cm
(91针)

(91针)起针

17cm
(58行)

7cm
(24行)

22.5cm
(76行)

与后身片相同

5.5cm 7cm
(12针) (16针)

2针

(-26针)
平10行
2-1-3
留23针
下针编织

右前身片
花样编织B

下针编织

口袋位置

12.5cm
(27针)

7cm
(16针)

花样编织E

(54针)起针

5cm(16行)

12cm
(42行)

7cm
(24行)

17cm
(58行)

5.5cm(18行)

★=5cm(11针)
⬠=10cm(34行)

7cm
(15针)

2针

(-26针)
3-1-6
2-1-20

袖片

下针编织

30.5cm
(67针)

花样编织B

下针编织

(+7针)
平8行
8-1-7

花样编织F
24cm
(53针)

(53针)起针

17cm
(58行)

7cm
(24行)

12cm
(40行)

10cm
(34行)

款式图

挑119针

单罗纹编织

0.5cm
(2行)

挑21针

右口袋
花样编织C
左口袋
花样编织D

口袋

12.5cm
挑(27针)

10cm
(34行)

花样编织B

☒ =

花样编织E

领   花样编织E

右前身片
挑33针

右肩
挑15针

后身片
挑33针

左肩
挑15针

左前身片
挑33针

54cm
(119针)

(-5针)
2-1-5

3cm(10行)

6.5cm(22行)

58.5cm
挑(129针)

花样编织A

花样编织C

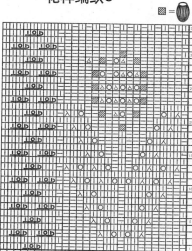

花样编织D

花样编织F

工具

4.5mm棒针

成品尺寸

衣长37cm、胸围78cm、背肩宽31cm、
袖长19cm

材料

山羊绒细毛线浅紫色380g，直
径为25 mm的纽扣1颗

编织密度

花样编织、下针编织
16针×24行/10cm

结构图

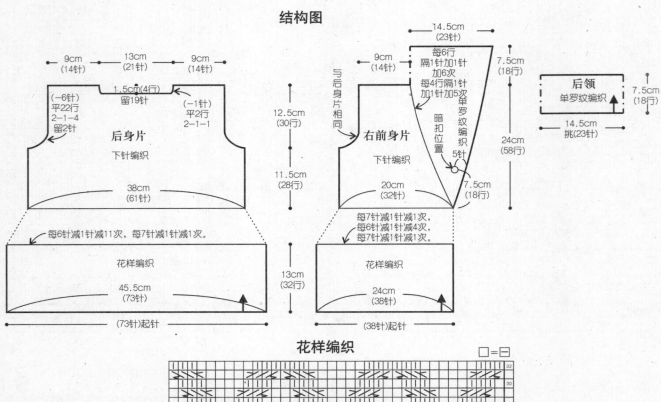

9cm
(14针)　13cm
(21针)　9cm
(14针)

1.5cm(4行)
留19针

(−6针)
平22行
2−1−4
留2针

(−1针)
平2行
2−1−1

后身片
下针编织

38cm
(61针)

每6针减1针减11次，每7针减1针减1次。

花样编织

45.5cm
(73针)

(73针)起针

12.5cm
(30行)

11.5cm
(28行)

13cm
(32行)

14.5cm
(23针)

9cm
(14针)

每6行
隔1针加1针
加6次
每4行隔1针
加1针加5次

单罗纹编织

暗扣位置

5针

右前身片
下针编织

20cm
(32针)

每7针减1针减1次，
每6针减1针减4次，
每7针减1针减1次。

花样编织

24cm
(38针)

(38针)起针

与后身片相同

7.5cm
(18行)

24cm
(58行)

7.5cm
(18行)

后领
单罗纹编织

14.5cm
挑(23针)

7.5cm
(18行)

花样编织

□=□

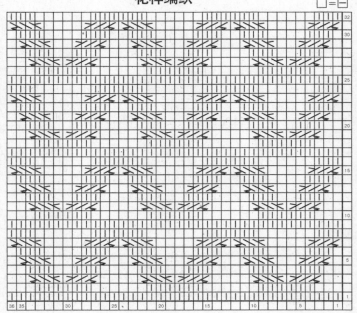

NO.19
褐色大口袋带帽背心

彩图见 第38页

工具

4.5mm棒针

成品尺寸

衣长42.5cm、胸围100.5cm、背肩宽30cm

材料

中粗羊毛线褐色350g

编织密度

花样编织A~D、下针编织、上下针编织
16.5针×26行/10cm

结构图

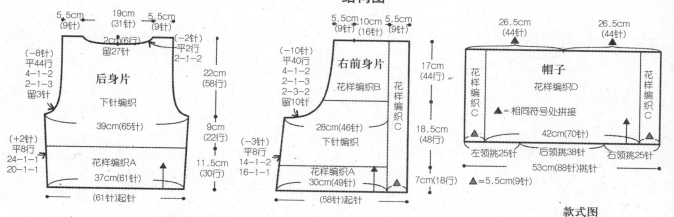

后身片

5.5cm (9针)　19cm (31针)　5.5cm (9针)

2cm(6行) 留27针

(-2针) 平2行 2-1-2

(-8针) 平44行 4-1-2 2-1-3 留3针

22cm (58行)

下针编织

39cm(65针)

9cm (22行)

(+2针) 平8行 24-1-1 20-1-1

花样编织A

37cm(61针)

11.5cm (30行)

(61针)起针

右前身片

5.5cm 10cm 5.5cm (9针)(16针)(9针)

(-10针) 平40行 4-1-2 2-1-1 2-3-2 留10针

17cm (44行)

花样编织B

花样编织C

28cm(46针)

下针编织

18.5cm (48行)

(-3针) 平8行 14-1-1 16-1-1

花样编织A

30cm(49针)

7cm (18行)

(58针)起针

帽子

26.5cm (44针)　　26.5cm (44针)

花样编织C　　花样编织D　　花样编织C

▲=相同符号处拼接

42cm(70针)

左领挑25针　后领挑38针　右领挑25针

53cm(88针)挑针

▲=5.5cm(9针)

花样编织A

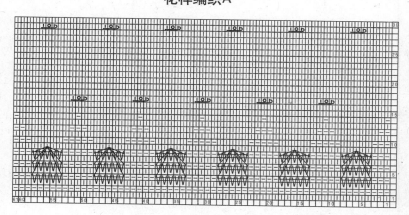

花样编织C

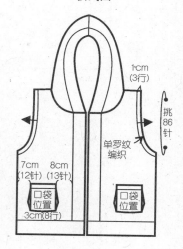

款式图

1cm (3行)

挑86针

单罗纹编织

7cm 8cm (12针)(13针)

口袋位置　口袋位置

3cm(8行)

花样编织D

花样编织B

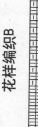

口袋

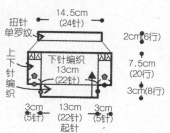

14.5cm (24针)

扭针单罗纹

2cm(6行)

上下针编织

下针编织 13cm (22针)

7.5cm (20行)

3cm(8行)

3cm (5针)　13cm (22针)起针　3cm (5针)

❀=3cm平加(5针)

／=5针并1针

/●=相同符号处拼接

113

NO.20
蓝色翻领背心

彩图见 第 39 页

工具

5.7mm棒针

材料

中粗羊毛线深蓝色250g

成品尺寸

披肩展开长77.5cm、宽61.5cm

编织密度

花样编织A、B、C　13针×21行/10cm

结构图

款式图

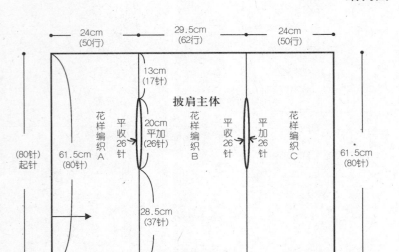

24cm (50行)　29.5cm (62行)　24cm (50行)

13cm (17针)

披肩主体

花样编织A

20cm 平加 (26针)

平收26针

花样编织B

平收26针

平加26针

花样编织C

(80针) 起针　61.5cm (80针)

61.5cm (80针)

28.5cm (37针)

加减针方法见花样编织

花样编织A

花样编织B

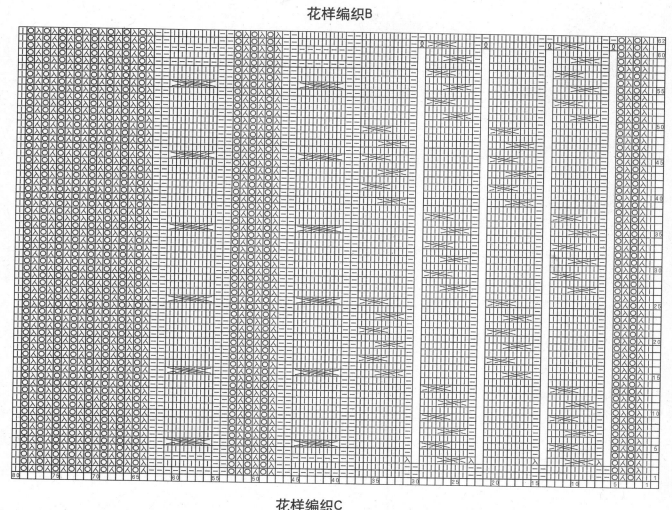

花样编织C

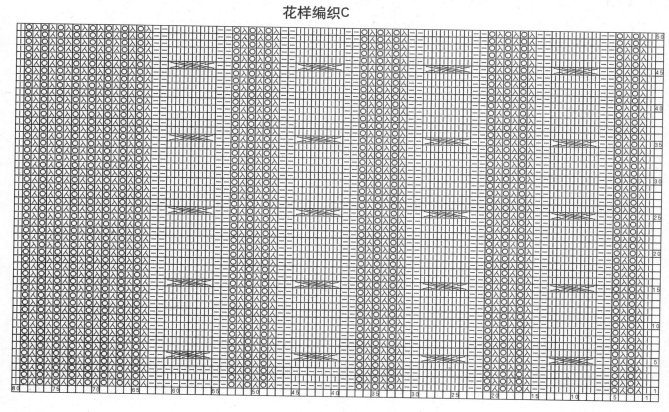

工具

3.6mm棒针

成品尺寸

衣长40cm、胸围73.5cm、肩袖长42cm

材料

中粗羊毛线浅粉色550g

编织密度

花样编织A～D、下针编织
22针×32行/10cm

结构图

13cm
(29针)

2针

(−21针)
2−1−21

后身片

32.5cm
(71针)

13cm
(42行)

20cm
(64行)

(−1针)
平44行
20−1−1

33cm
(73针)

(73针)起针

花样编织A

2.5cm
(6针)

2针

与后身片相同

与后身片相同

(−3针)
平30行
4−1−3

13cm
(42行)

13.5cm
(30针)

右前身片
花样编织A

12.5cm
(40行)

(+18针)
2−1−6
2−2−6

7.5cm
(24行)

5.5cm
(12针)起针

7cm
(16针)

2针

(−21针)
2−1−21

13cm
(42行)

26.5cm
(58针)

袖片
花样编织B

下针编织

下针编织

(+8针)
平6行
8−1−8

22cm
(70行)

4cm
(9针)

11cm
(24针)

4cm
(9针)

(42针)起针

13.5cm
(30针)

13.5cm
(30针)

帽子

(−6针)
2−1−6

留2针

对折线

帽子
花样编织A

左前身片
挑6针

左肩
挑16针

后身片
挑30针

右肩
挑16针

右前身片
挑6针

33.5cm
挑(74针)

3.5cm(12行)

16cm
(50行)

款式图

挑77针

7cm
(22行)

挑42针

花样编织C

挑22针

挑28针

挑9针

挑29针

花样
编织
D

花样
编织
D

7cm
(22行)

花样编织D

挑73针

花样编织C

花样编织A

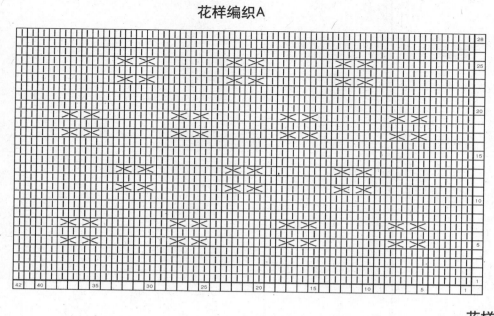

花样编织B

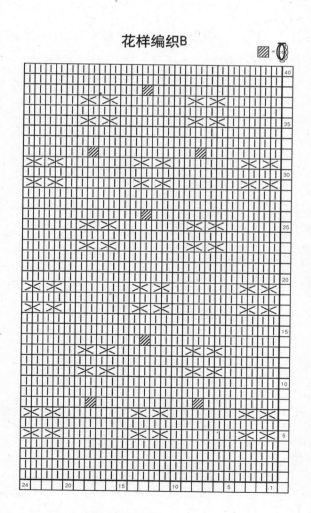

花样编织D

花样编织C

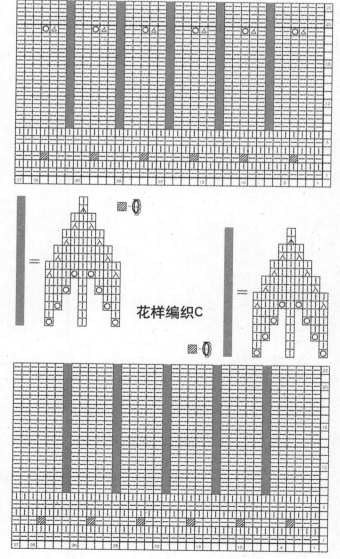

NO.22
浅粉色牛角扣带帽开衫

彩图见 第 42 页

彩图见 第 42 页

工具

4.5mm棒针

成品尺寸

衣长52cm、胸围81cm、肩袖长23cm

材料

中粗羊毛线浅粉色600g，
牛角扣3颗

编织密度

花样编织A～D、上下针编织
16针×28行/10cm

结构图

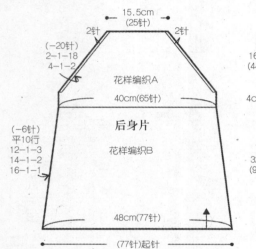

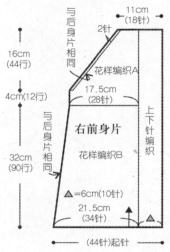

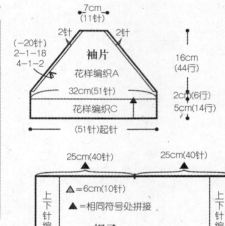

花样编织A

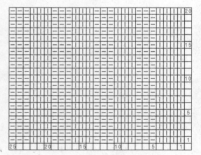

花样编织B

花样编织C

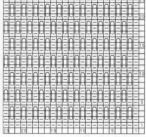

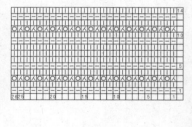

花样编织D

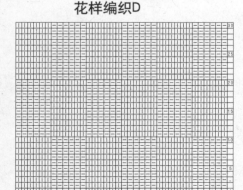

款式图

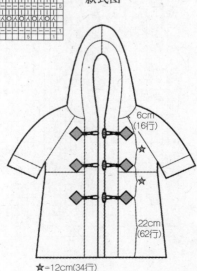

扣襻的制作方法：

上下针编织 5cm(14行)
5cm
(8针)

1、上下针编织一个5cm的正方形。

2、将其旋转45°，搓一条麻花绳对折
打两个结，把绳子的两端固定在正方
形的一个角上即做好扣襻。按此方法
再做好牛角扣另一边。

🌿 **工具**

3.9mm棒 针

🌿 **成品尺寸**

马甲展开长93cm、宽42cm

🌿 **材料**

中粗羊毛线浅绿色400g

🌿 **编织密度**

花样编织　24针×22行/10cm

结构图

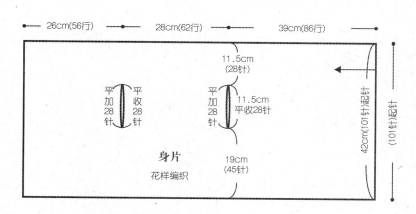

- 26cm(56行) - 28cm(62行) - 39cm(86行)

11.5cm
(28针)

平加28针　平收28针

平加28针　平收28针

11.5cm
平收28针

42cm(101针)起针　(101针)起针

身片
花样编织

19cm
(45针)

花样编织

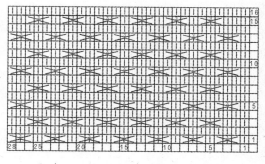

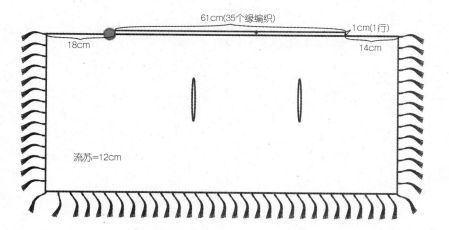

61cm(35个缘编织)

18cm　　　　　14cm　　1cm(1行)

流苏=12cm

示意图

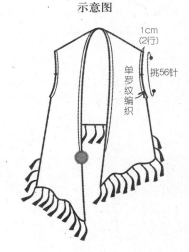

1cm
(2行)

挑56针

单罗纹编织

绒球的制作方法：

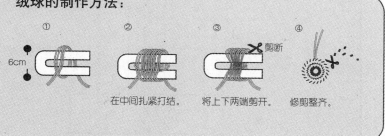

① 6cm

② 在中间扎紧打结。

③ 剪断 将上下两端剪开。

④ 修剪整齐。

缘编织

1个缘编织

119

NO.24
姜黄色镂空开衫

彩图见 第 46 页

工具

3.9mm棒针

成品尺寸

衣长51.5cm、胸围0cm、背肩宽34cm、袖长26cm

材料

中粗羊毛线姜黄色350g，直径为10mm的纽扣1颗

编织密度

花样编织A～H 20针×37行/10cm

结构图

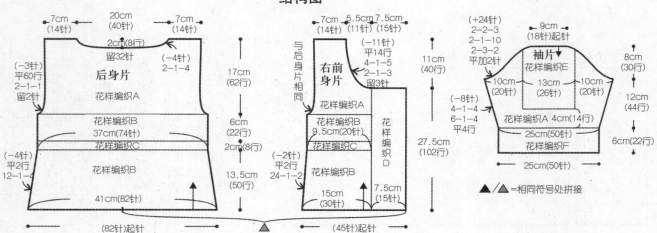

后身片
花样编织A
7cm（14针）　20cm（40针）　7cm（14针）
2cm(8行) 留32针
（-3针）平60行 2-1-1 留2针
（-4针）2-1-4
花样编织B 37cm(74针)
花样编织C
花样编织B
（-4针）平2行 12-1-4
41cm(82针)
17cm(62行)
6cm(22行)
2cm(8行)
13.5cm(50行)
(82针)起针

右前身片
与后身片相同
7cm（14针）　5.5cm（11针）7.5cm（15针）
（-11针）平14行 4-1-5 2-1-3 留3针
花样编织A
花样编织B 9.5cm(20针)
花样编织C
花样编织B
花样编织D
（-2针）平2行 24-1-2
15cm（30针）　7.5cm（15针）
11cm（40行）
27.5cm（102行）
(45针)起针

袖片
花样编织E
（+24针）2-2-3 2-1-10 2-3-2 平加2针
9cm（18针）起针
10cm（20针）　13cm（26针）　10cm（20针）
（-8针）4-1-4 6-1-4 平4行
花样编织A 4cm(14行)
25cm(50针)
花样编织F
25cm(50针)
8cm（30行）
12cm（44行）
6cm(22行)

▲/△=相同符号处拼接

下摆

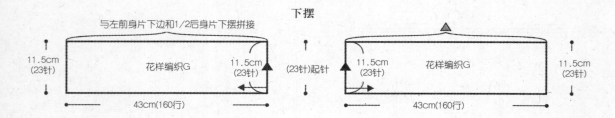

与左前身片下边和1/2后身片下摆拼接
11.5cm（23针）
花样编织G
11.5cm（23针）
43cm(160行)
(23针)起针

11.5cm（23针）
花样编织G
11.5cm（23针）
43cm(160行)

花样编织A

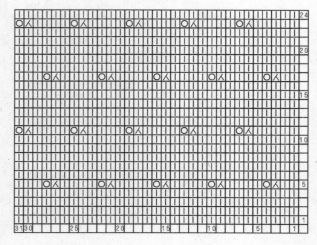

款式图

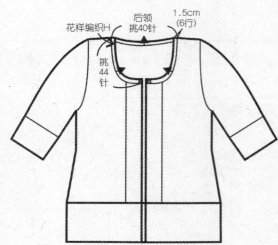

花样编织H
后领挑40针
1.5cm(6行)
挑44针

120

花样编织C

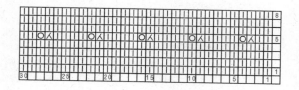

花样编织H

花样编织B

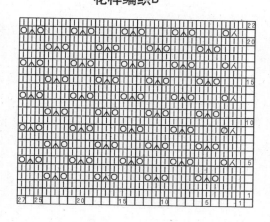

花样编织D

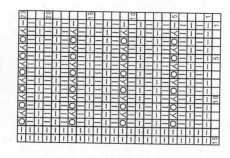

花样编织E

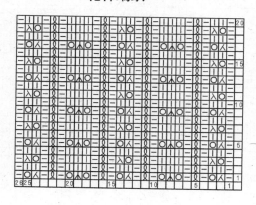

花样编织G

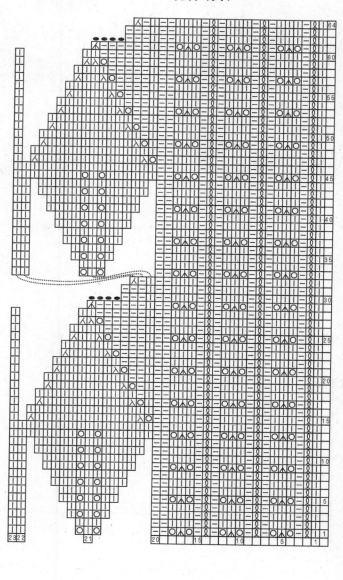

花样编织F

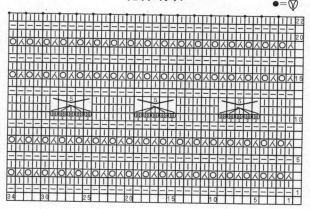

工具

3.6mm棒针

成品尺寸

衣长47.5cm、胸围81.5cm、背肩宽33cm、袖长38.5cm

材料

中粗羊毛线米白色250g，直径为10mm的纽扣2颗

编织密度

花样编织、上下针编织
25针×37行/10cm

结构图

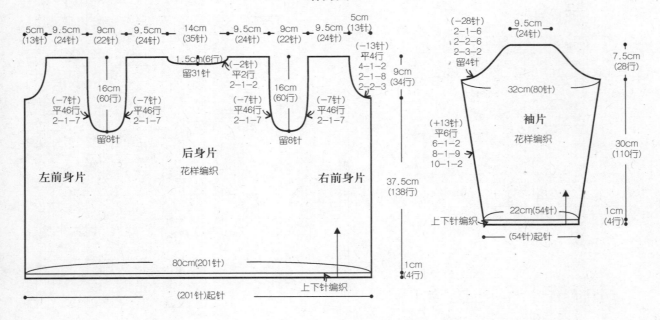

5cm (13针)　9.5cm (24针)　9cm (22针)　9.5cm (24针)　14cm (35针)　9.5cm (24针)　9cm (22针)　9.5cm (24针)　5cm (13针)

(−13针) 平4行 4−1−1 2−1−8 2−2−3

1.5cm(6行) 留31针

(−2针) 平2行 2−1−2

16cm (60行)

9cm (34行)

(−7针) 平46行 2−1−7

(−7针) 平46行 2−1−7

(−7针) 平46行 2−1−7

(−7针) 平46行 2−1−7

留8针　留8针

后身片
花样编织

左前身片　　　右前身片

37.5cm (138行)

80cm(201针)

上下针编织

(201针)起针

1cm (4行)

袖片

(−28针) 2−1−6 2−2−6 2−3−2 留4针

9.5cm (24针)

7.5cm (28行)

32cm(80针)

袖片
花样编织

(+13针) 平6行 6−1−2 8−1−9 10−1−2

30cm (110行)

上下针编织　22cm(54针)

1cm (4行)

(54针)起针

款式图

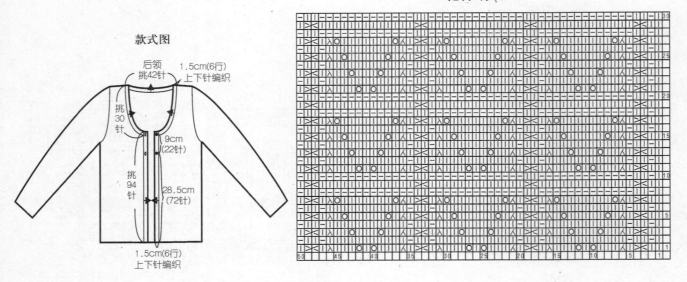

后领
挑42针

1.5cm(6行)
上下针编织

挑30针

9cm (22针)

挑94针

28.5cm (72针)

1.5cm(6行)
上下针编织

花样编织

工具

3.9mm棒针

成品尺寸

衣长51.5cm、胸围66.5cm、肩袖长47cm

材料

中粗兔绒线柠檬黄800g

编织密度

花样编织A~F、上下针编织、下针编织
20针×32行/10cm

结构图

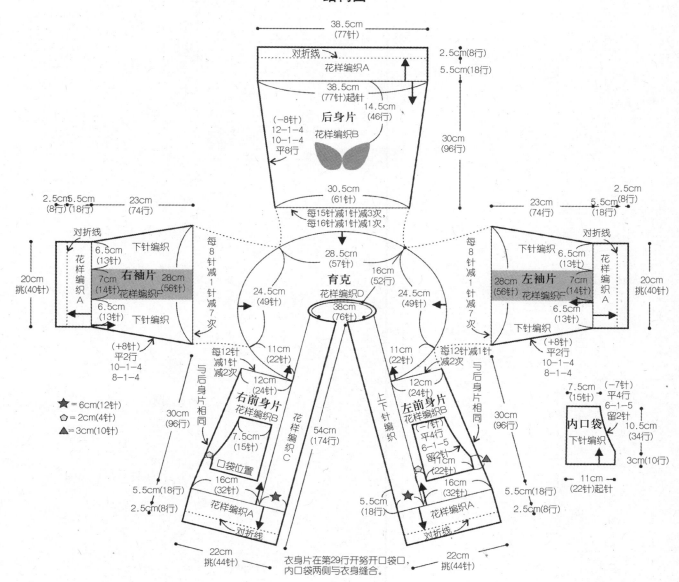

38.5cm
(77针)

对折线

2.5cm(8行)

花样编织A

5.5cm(18行)

38.5cm
(77针)起针

14.5cm
(46行)

后身片

(-8针)
12-1-4
10-1-4
平8行

花样编织B

30cm
(96行)

30.5cm
(61针)

每15针减1针减3次,
每16针减1针减1次,

2.5cm
(8行) 5.5cm
(18行) 23cm
(74行)

对折线

6.5cm
(13针) 下针编织

右袖片 28cm
(56针)

7cm
(14针)花样编织F

6.5cm
(13针) 下针编织

每8针减1针减7次

20cm
挑(40针)

花样编织A

(+8针)
平2行
10-1-4
8-1-4

28.5cm
(57针)

16cm
(52行)

育克
花样编织D

38cm
(76针)

2.5cm

23cm
(74行) 5.5cm
(18行) 2.5cm(8行)

对折线

下针编织 6.5cm
(13针)

28cm
(56针) 左袖片 7cm
(14针)花样编织F

下针编织 6.5cm
(13针)

每8针减1针减7次

20cm
挑(40针)

花样编织A

(+8针)
平2行
10-1-4
8-1-4

24.5cm
(49行)

24.5cm
(49行)

★=6cm(12针)
⬠=2cm(4针)
▲=3cm(10针)

每12针减1针减2次

11cm
(22针)

12cm
(24行)

与后身片相同

30cm
(96行)

右前身片
花样编织B

7.5cm
(15针)

口袋位置

5.5cm(18行)

2.5cm(8行)

花样编织A

对折线

22cm
挑(44针)

花样编织C

54cm
(174行)

上下针编织

每12针减1针减2次

11cm
(22针)

12cm
(24行)

左前身片
花样编织B

(-7针)
平4行
6-1-5
留2针
1cm
(22针)

与后身片相同

30cm
(96行)

▲

5.5cm
(18行)

★

16cm
(32针)

花样编织A

对折线

22cm
挑(44针)

衣身片在第29行开凿开口袋口,
内口袋两侧与衣身缝合。

7.5cm
(15针)

(-7针)
平4行
6-1-5
留2针

10.5cm
(34行)

内口袋

下针编织

3cm(10行)

11cm
(22针)起针

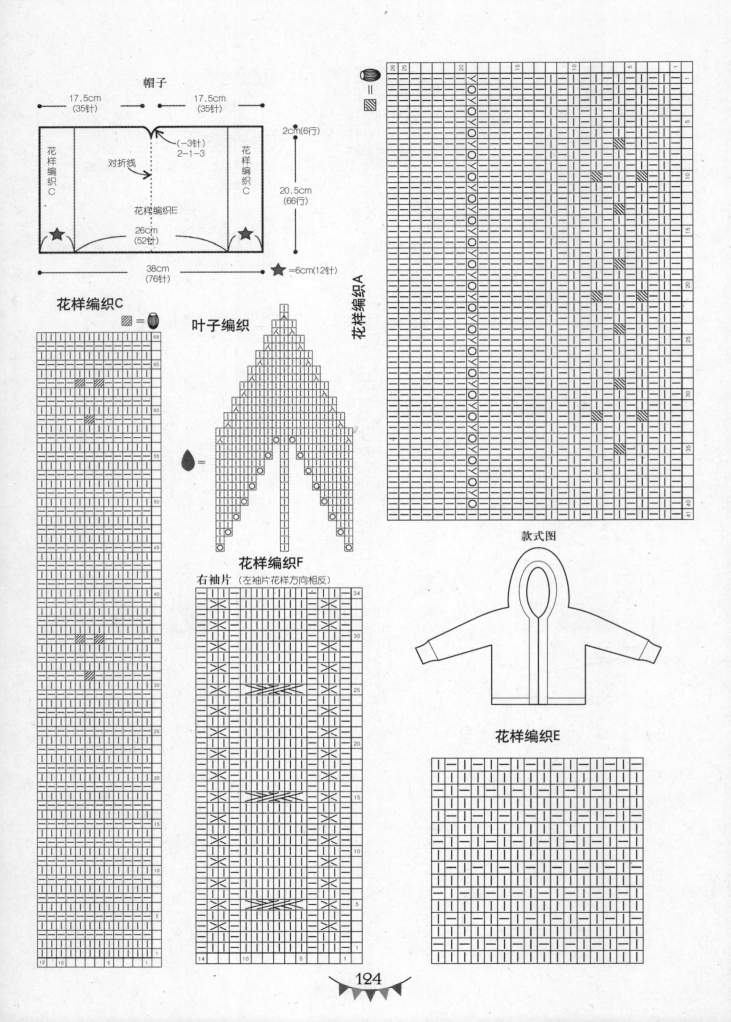

帽子

17.5cm
(35针)

17.5cm
(35针)

花样编织C

对折线

(−3针)
2−1−3

花样编织C

2cm(6行)

20.5cm
(66行)

花样编织E

26cm
(52针)

38cm
(76针)

★=6cm(12针)

花样编织A

花样编织C

叶子编织

花样编织F
右袖片（左袖片花样方向相反）

款式图

花样编织E

花样编织B

花样编织D

NO.27
亮黄色双层摆外套

彩图见 第 52 页

彩图见 第 52 页

工具
3.6mm棒针

成品尺寸
衣长50.5cm、胸围78.5cm、肩袖长49cm

材料
中粗羊毛线亮黄色500g，
牛角扣4颗

编织密度
花样编织A ~ D 22针×34行/10cm

结构图

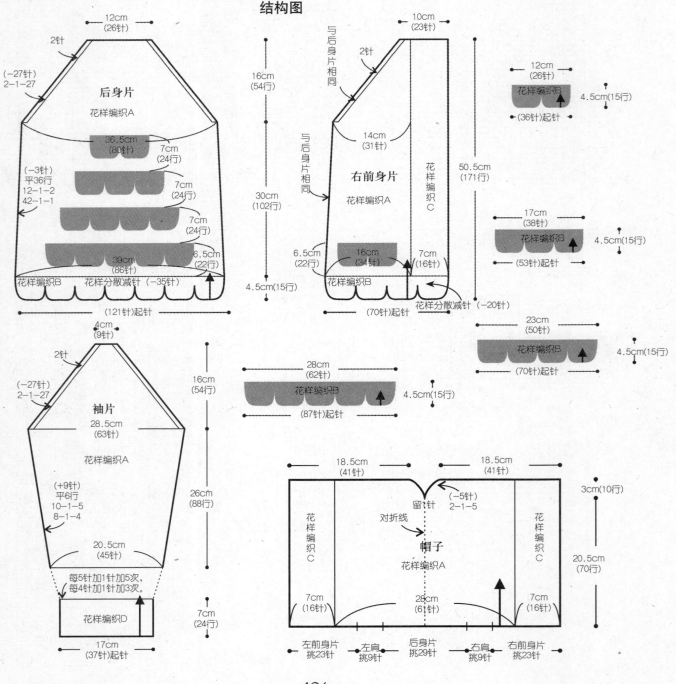

花样编织A

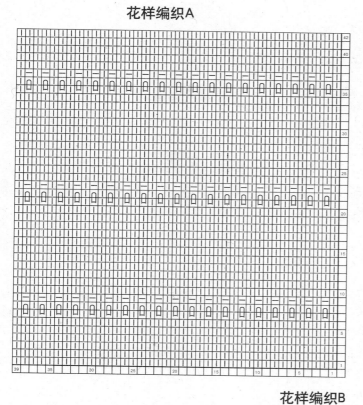

花样编织C

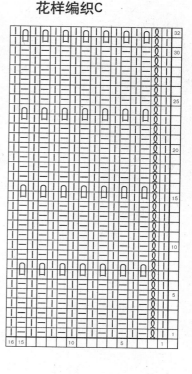

花样编织B

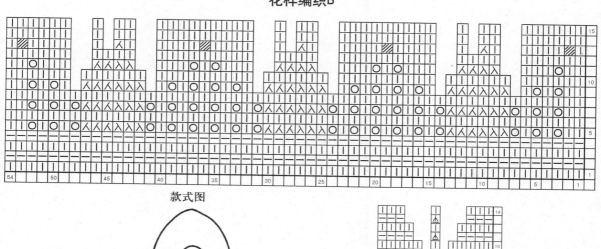

款式图

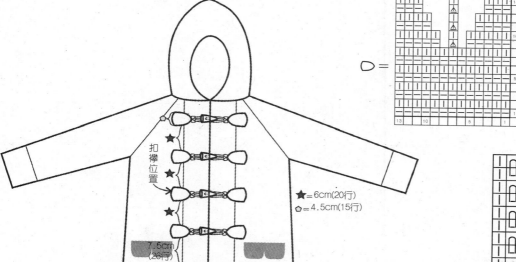

扣襻位置

★=6cm(20行)
⬠=4.5cm(15行)

7.5cm
(28行)

◯ =

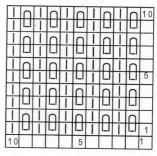

花样编织D

工具
4.5mm棒针

成品尺寸
衣长43cm、胸围86.5cm、肩袖长36cm

材料
中粗羊毛线橘红色500g，直径为25mm的纽扣2颗

编织密度
花样编织A～D、下针编织、单罗纹编织
18针×30行/10cm

结构图

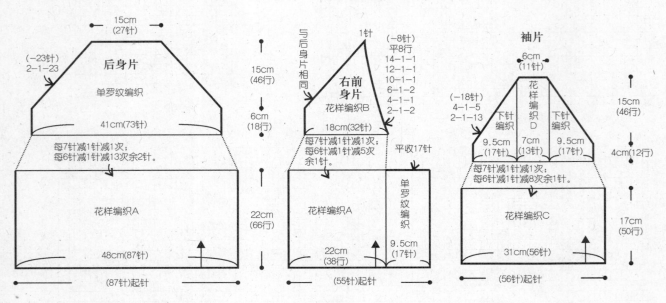

15cm
(27针)

（−23针）
2−1−23

后身片

单罗纹编织

41cm(73针)

每7针减1针减1次；
每6针减1针减13次余2针。

花样编织A

48cm(87针)

(87针)起针

15cm
(46行)

6cm
(18行)

22cm
(66行)

1针

（−8针）
平8行
14−1−1
12−1−1
10−1−1
6−1−2
4−1−1
2−1−2

与后身片相同

右前身片

花样编织B

18cm(32针)

每7针减1针减1次；
每6针减1针减5次余1针。

平收17针

花样编织A

22cm
(38行)

单罗纹编织

9.5cm
(17针)

(55针)起针

袖片

6cm
(11针)

（−18针）
4−1−5
2−1−13

下针编织

花样编织D

7cm
(13针)

下针编织

9.5cm
(17针)

9.5cm
(17针)

每7针减1针减1次；
每6针减1针减8次余1针。

花样编织C

31cm(56针)

(56针)起针

15cm
(46行)

4cm
(12行)

17cm
(50行)

款式图

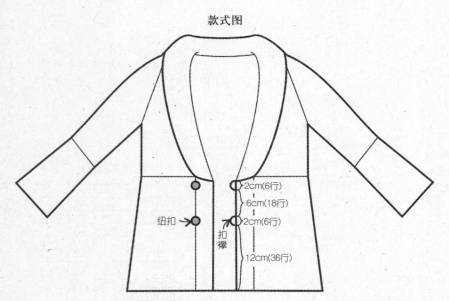

纽扣

扣襻

2cm(6行)
6cm(18行)
2cm(6行)
12cm(36行)

扣襻的编织方法：

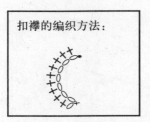

花样编织A

花样编织C

花样编织B

花样编织D

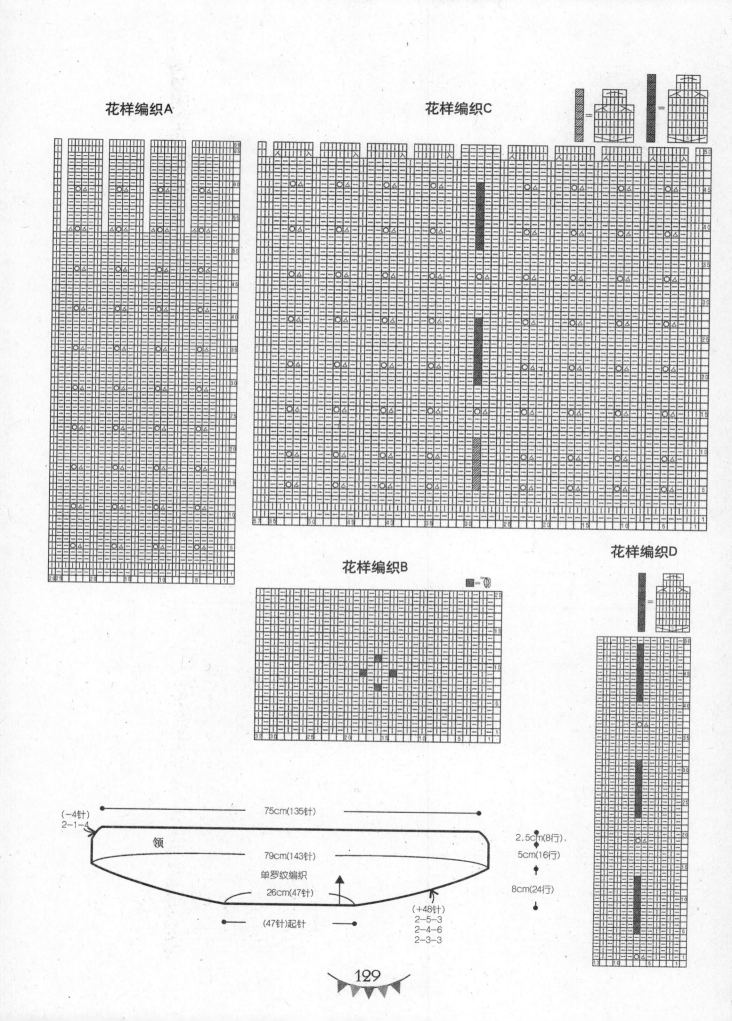

75cm(135针)

(−4针)
2−1−4

领

79cm(143针)

单罗纹编织

26cm(47针)

(47针)起针

(+48针)
2−5−3
2−4−6
2−3−3

2.5cm(8行)

5cm(16行)

8cm(24行)

绿色桂花针短袖衫

彩图见 第 56 页

工具

4.2mm棒针

成品尺寸

衣长47cm、胸围84cm、肩袖长13.5cm

材料

中粗羊毛线果绿色500g

编织密度

花样编织A～D、上下针编织
19针×34行/10cm

结构图

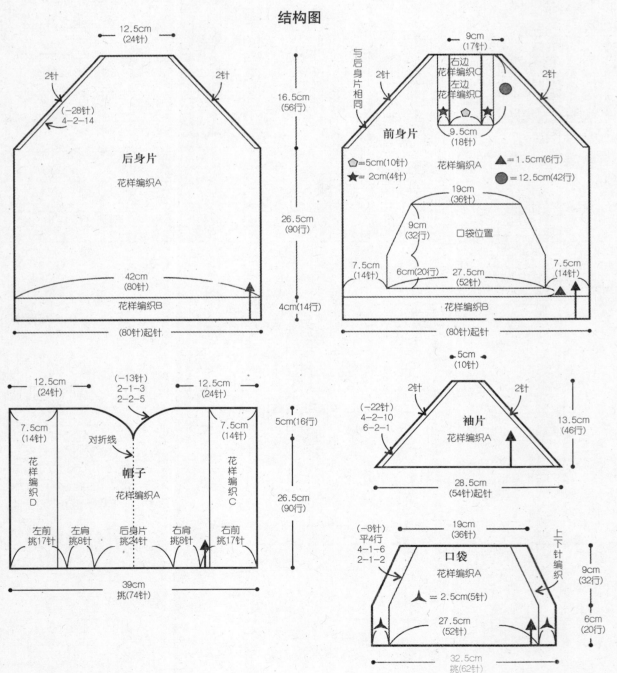

花样编织A

花样编织B

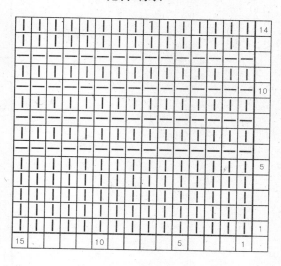

花样编织C

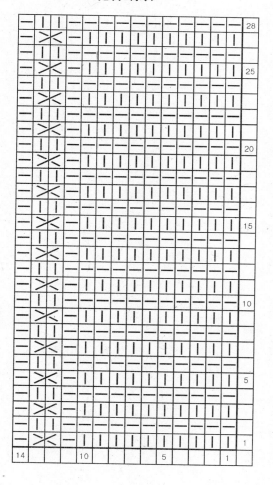

花样编织D

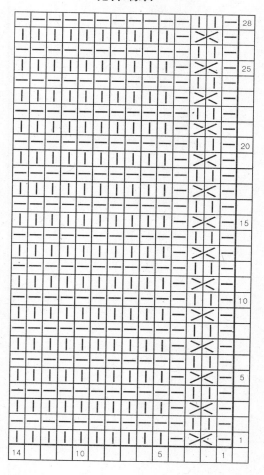

NO.30

深灰 罗纹简约外套

工具
4.5mm棒针

成品尺寸
衣长45.5cm、胸围100cm、背肩宽38cm、袖长35cm

材料
中粗羊毛线深灰色650g、白色适量，直径为25mm的纽扣5颗

编织密度
花样编织A～G、下针编织、双罗纹编织
18针×27行/10cm

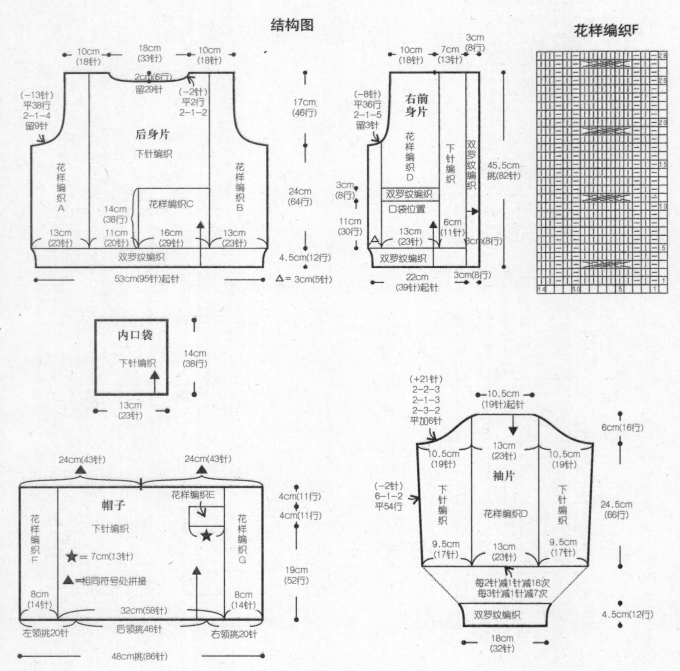

结构图

花样编织F

后身片
下针编织

10cm（18针） 18cm（33针） 10cm（18针）
2cm（6行）留29针

（−13针）平38行 2-1-4 留9针
（−2针）平2行 2-1-2

17cm（46行）

花样编织A
花样编织C
花样编织B

14cm（38行）

13cm（23针） 11cm（20针） 16cm（29针） 13cm（23针）

双罗纹编织

24cm（64行）

4.5cm（12行）

53cm（95针）起针

△ = 3cm（5针）

右前身片

10cm（18针） 7cm（13针） 3cm（8行）

（−8针）平36行 2-1-5 留3针

花样编织D
下针编织
双罗纹编织
45.5cm挑（82针）

双罗纹编织
口袋位置

3cm（8行）

11cm（30行）

13cm（23针） 6cm（11针）

双罗纹编织

22cm（39针）起针 3cm（8行）

内口袋
下针编织

14cm（38行）

13cm（23针）

帽子
下针编织

24cm（43针） 24cm（43针）

花样编织E

4cm（11行）
4cm（11行）

花样编织F
花样编织G

★ = 7cm（13针）
▲ = 相同符号处拼接

8cm（14针） 32cm（58针） 8cm（14针）

左领挑20针 后领挑46针 右领挑20针

48cm挑（86针）

19cm（52行）

袖片
花样编织D

（+21针）2-2-3 2-1-3 2-3-2 平加6针

10.5cm（19针）起针

10.5cm（19针） 13cm（23针） 10.5cm（19针）

6cm（16行）

（−2针）6-1-2 平54行

下针编织
下针编织

24.5cm（66行）

9.5cm（17针） 13cm（23针） 9.5cm（17针）

每2针减1针减18次
每3针减1针减7次

双罗纹编织

18cm（32针）

4.5cm（12行）

花样编织A

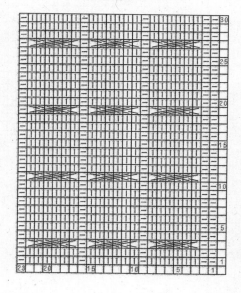

花样编织B

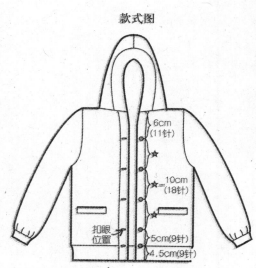

花样编织C

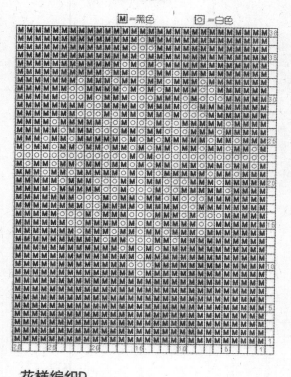

花样编织D

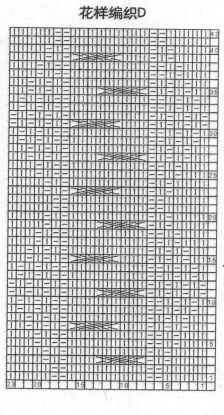

花样编织E

花样编织G

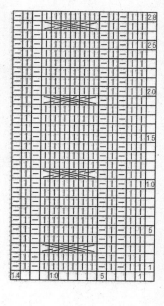

款式图

6cm
(11针)

☆=10cm
(18针)

扣眼
位置

5cm(9针)

4.5cm(9针)

133

材料

中粗羊毛线浅褐色500g

工具

3.0mm棒针

成品尺寸

衣长45.5cm、胸围75cm、背肩宽31.5cm、
袖长38cm

编织密度

花样编织A、B、双罗纹编织
33针 × 46行/10cm
下针编织　29针 × 46行/10cm

花样编织B

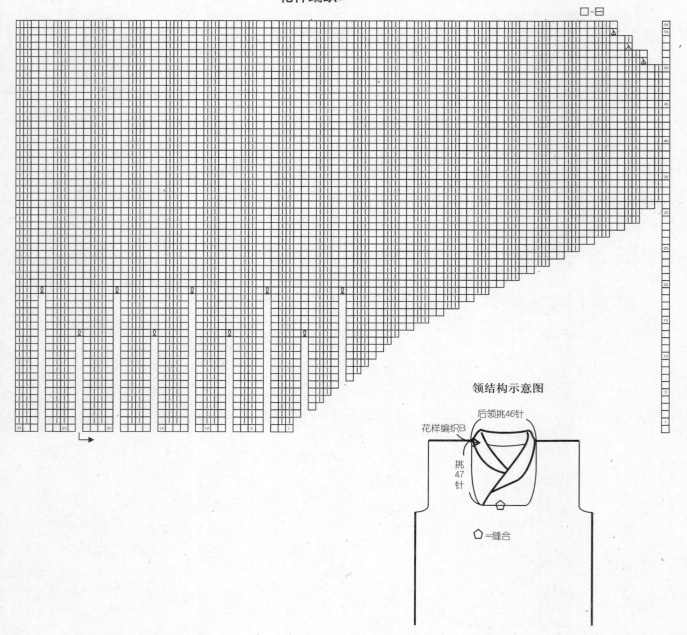

领结构示意图

结构图

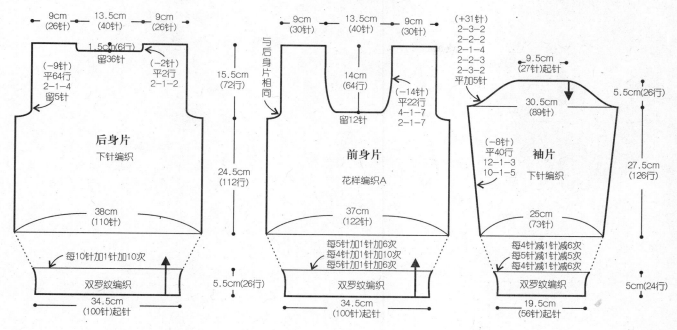

后身片

9cm (26针) ← 13.5cm (40针) → 9cm (26针)

1.5cm(6行)
留36针

(−9针)
平64行
2-1-4
留5针

(−2针)
平2行
2-1-2

下针编织

38cm (110针)

每10针加1针加10次

双罗纹编织

34.5cm (100针)起针

15.5cm (72行)

24.5cm (112行)

5.5cm(26行)

前身片

与后身片相同

9cm (30针) ← 13.5cm (40针) → 9cm (30针)

14cm (64行)

留12针

(−14针)
平22行
4-1-7
2-1-7

前身片

花样编织A

37cm (122针)

每5针加1针加6次
每4针加1针加10次
每5针加1针加6次

双罗纹编织

34.5cm (100针)起针

袖片

(+31针)
2-3-2
2-2-2
2-1-4
2-2-3
2-3-2
平加5针

9.5cm (27针)起针

30.5cm (89针)

(−8针)
平40行
12-1-3
10-1-5

袖片

下针编织

25cm (73针)

每4针减1针减6次
每5针减1针减5次
每4针减1针减6次

双罗纹编织

19.5cm (56针)起针

5.5cm(26行)

27.5cm (126行)

5cm(24行)

花样编织A

□=日

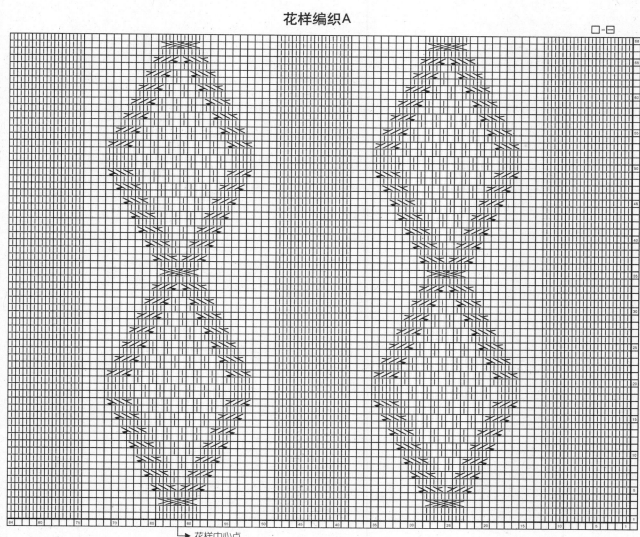

→ 花样中心点

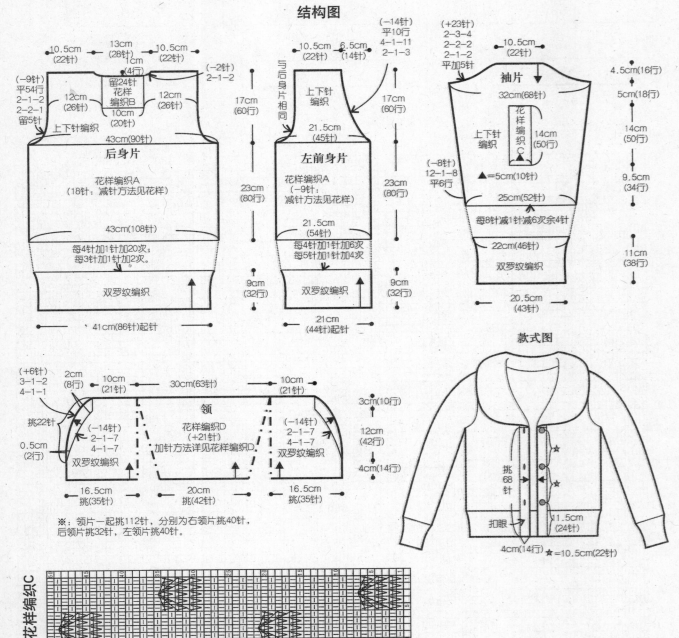

彩图见 第 62 页

NO.32
姜黄色 大翻领外套

工具

3.6mm棒针

成品尺寸

衣长49cm、胸围90cm、背肩宽34cm、袖长44cm

材料

中粗羊毛线姜黄色650g，直径为25mm的纽扣3颗

编织密度

花样编织A　25针×35行/10cm
花样编织B、C、D、上下针编织、
双罗纹编织　21针×35行/10cm

结构图

（−9针）
平54行
2−1−2
2−2−1
留5针

10.5cm
（22针）

13cm
（28针）
1cm

10.5cm
（22针）

（−2针）
2−1−2

12cm
（26针）

留24针
花样
编织B

12cm
（26针）

上下针编织

10cm
（20针）

43cm（90针）

17cm
（60行）

后身片

花样编织A
（18针：减针方法见花样）

23cm
（80行）

43cm（108针）

每4针加1针加20次；
每3针加1针加2次。

双罗纹编织

9cm
（32行）

41cm（86针）起针

（−14针）
平10行
4−1−11
2−1−3

10.5cm
（22针）

6.5cm
（14针）

上下针编织

与后身片相同

上下针编织

21.5cm
（45针）

17cm
（60行）

左前身片

花样编织A
（−9针：
减针方法见花样）

23cm
（80行）

21.5cm
（54针）

每4针加1针加6次；
每5针加1针加4次。

双罗纹编织

9cm
（32行）

21cm
（44针）起针

（+23针）
2−3−4
2−2−2
2−1−2
平加5针

10.5cm
（22针）

袖片

32cm（68针）

4.5cm（16行）

5cm（18行）

上下针编织

花样编织C

14cm
（50行）

（−8针）
12−1−8
平6行

▲=5cm（10针）

25cm（52针）

14cm
（50行）

9.5cm
（34行）

每8针减1针减6次余4针

22cm（46针）

双罗纹编织

11cm
（38行）

20.5cm
（43针）

（+6针）
3−1−2
4−1−1

挑22针

0.5cm
（2行）

2cm
（8行）

10cm
（21针）

30cm（63针）

10cm
（21针）

3cm（10行）

领

花样编织D
（+21针）
加针方法详见花样编织D。

12cm
（42行）

（−14针）
2−1−7
4−1−7

（−14针）
2−1−7
4−1−7

双罗纹编织

双罗纹编织

4cm（14行）

16.5cm
挑（35针）

20cm
挑（42针）

16.5cm
挑（35针）

※：领片一起挑112针，分别为右领片挑40针，
后领片挑32针，左领片挑40针。

款式图

挑68针

扣眼

11.5cm
（24针）

4cm（14行）　★=10.5cm（22针）

花样编织C

花样编织A

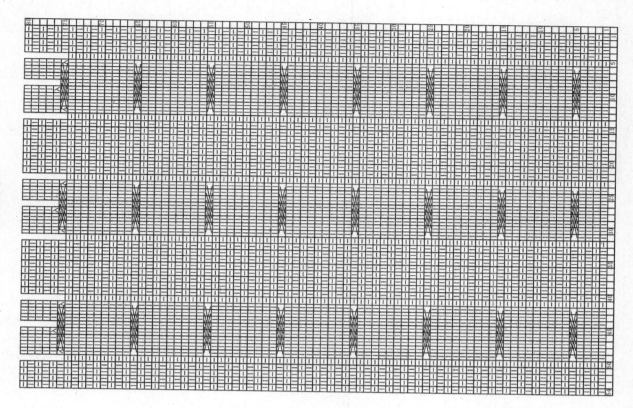

花样编织D

花样编织B

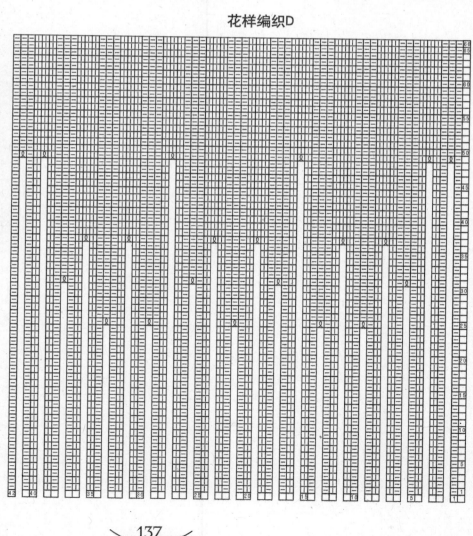

工具

3.3mm棒针

成品尺寸

衣长47cm、胸围72cm、背肩宽31.5cm

材料

中粗羊毛线黑色330g、红色
适量

编织密度

花样编织、下针编织、单罗纹编织
28针×40行/10cm

结构图

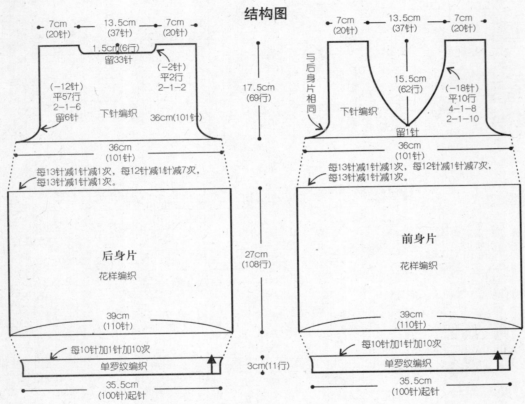

7cm (20针) ← 13.5cm (37针) → 7cm (20针)

1.5cm(6行)
留33针

(−2针)
平2行
2-1-2

(−12针)
平57行
2-1-6
留6针

下针编织

36cm(101针)

17.5cm (69行)

36cm (101针)

每13针减1针减1次，每12针减1针减7次，
每13针减1针减1次。

后身片

花样编织

27cm (108行)

39cm (110针)

每10针加1针加10次

单罗纹编织

35.5cm (100针)起针

3cm(11行)

7cm (20针) ← 13.5cm (37针) → 7cm (20针)

与后身片相同

15.5cm (62行)

下针编织

(−18针)
平10行
4-1-8
2-1-10

留1针

36cm (101针)

每13针减1针减1次，每12针减1针减7次，

前身片

花样编织

39cm (110针)

每10针加1针加10次

单罗纹编织

35.5cm (100针)起针

款式图

单罗纹编织

后领挑42针

2.5cm (10行)

左前领
挑44针

袖隆
挑110针

2cm (8行)

花样编织配色表

黑色	2行
红色	4行
黑色	14行
红色	4行
黑色	44行
红色	4行
黑色	14行
红色	4行
黑色	14行
红色	4行

（上接第141页）

花样编织

花样编织A

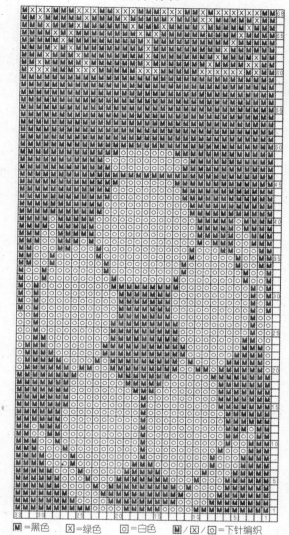

■=黑色　☒=绿色　▢=白色　　■/☒/▢=下针编织

花样编织D

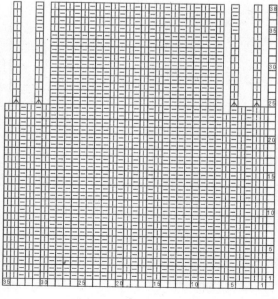

NO.34
深褐色条纹立领外套

彩图见 第 66 页

工具
3.9mm棒针

成品尺寸
衣长42.5cm、胸围91.5cm、背肩宽37cm、袖长37.5cm

材料
中粗羊毛线深褐色550g、白色50g，直径为20mm的纽扣6颗

编织密度
花样编织、下针编织、双罗纹编织
22针×34行/10cm

结构图

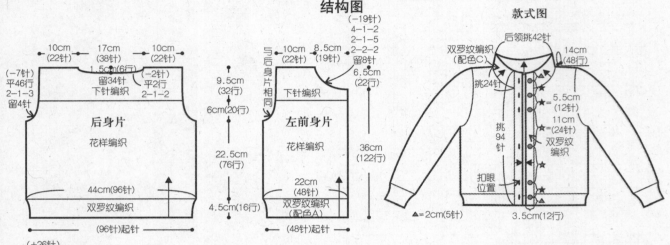

后身片
花样编织

10cm(22针)　17cm(38针)　10cm(22针)
1.5cm(6针)
(−7针)平46行2−1−3留4针
留34针 下针编织
(−2针)平2行2−1−2
44cm(96针)
双罗纹编织
(96针)起针

左前身片
花样编织

(−19针)4−1−22−1−52−2−2留8针
10cm(22针)　8.5cm(19针)
6.5cm(22行)
9.5cm(32行)　与后身片相同　下针编织
6cm(20行)
22.5cm(76行)
36cm(122行)
22cm(48针)
双罗纹编织(配色A)
4.5cm(16行)
(48针)起针

款式图

后领挑42针
双罗纹编织(配色C)
14cm(48行)
挑24针
挑94针
双罗纹编织
5.5cm(12针)
11cm(24针)
扣眼位置
▲=2cm(5针)
3.5cm(12行)

袖片
花样编织

(+26针)2−3−22−2−42−1−8平加4针
6.5cm(14针)起针
30cm(66针)
8cm(28行)
(−3针)6−1−18−1−110−1−1平58行
24cm(82行)
27cm(60针)
每3针减1针减12次每4针减1针减6次
双罗纹编织(配色B)
5.5cm(18行)
19cm(42针)

配色表A

第1~14行	深褐色14行
第15~16行	白色2行

配色表B

第1~4行	深褐色4行
第5~6行	白色2行
第7~8行	深褐色2行
第9~10行	白色2行
第11~12行	深褐色2行
第13~14行	白色2行
第15~18行	深褐色4行

配色表C

第1~4行	深褐色4行
第5~6行	白色2行
第7~8行	深褐色2行
第9~10行	白色2行
第11~12行	深褐色2行
第13~14行	白色2行
第15~20行	深褐色6行
第21~24行	白色4行
第25~48行	深褐色24行

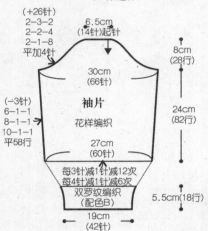

花样编织

※阴影部分用白色线编织。

彩图见 第 68 页

NO.35
足球图案背心

工具

3.9mm棒针

成品尺寸

衣长52.5cm、胸围94cm、背肩宽35cm

材料

中粗羊毛线黑色550g、绿色、白色适量，直径为20mm的纽扣4颗

编织密度

花样编织A～D、下针编织、双罗纹编织、单罗纹编织 20针×33行/10cm

结构图

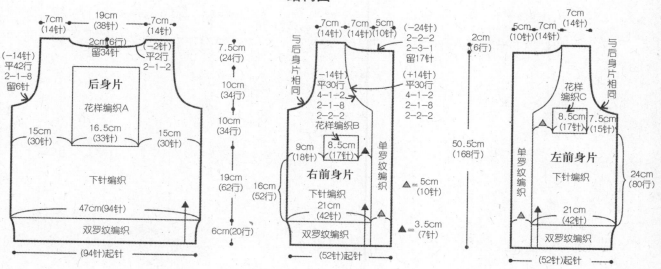

后身片
花样编织A

7cm（14针）　19cm（38针）　7cm（14针）

（−14针）平42行 2-1-8 留6针

2cm（6行）留34针

（−2针）平2行 2-1-2

15cm（30针）　16.5cm（33针）　15cm（30针）

下针编织

47cm（94针）

双罗纹编织

（94针）起针

7.5cm（24行）

10cm（34行）

10cm（34行）

19cm（62行）

6cm（20行）

右前身片

7cm（14针）　7cm（14针）　5cm（10针）

（−24针）2-2-2 2-3-1 留17针

与后身片相同

（−14针）平30行 4-1-2 2-1-8 2-2-2

花样编织B

9cm（18针）　8.5cm（17针）

下针编织 21cm（42针）

双罗纹编织

（52针）起针

（+14针）平30行 4-1-2 2-1-8 2-2-2

单罗纹编织

▲=5cm（10针）

▲=3.5cm（7针）

2cm（6行）

50.5cm（168行）

左前身片

5cm（10针）　7cm（14针）　7cm（14针）

与后身片相同

花样编织C

8.5cm（17针）　7.5cm（15针）

单罗纹编织

下针编织 21cm（42针）

24cm（80行）

双罗纹编织

（52针）起针

款式图

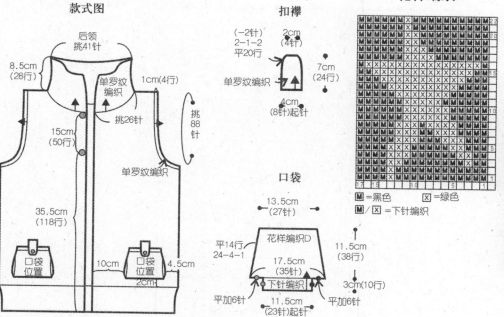

后领挑41针

8.5cm（28行）

单罗纹编织

1cm（4行）

挑26针

15cm（50行）

单罗纹编织

挑88针

35.5cm（118行）

口袋位置　口袋位置

10cm　　4.5cm

2cm

扣襻

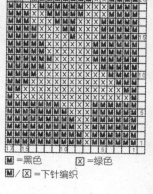

（−2针）2-1-2 平20行

2cm（4针）

单罗纹编织

7cm（24行）

4cm（8针）起针

口袋

13.5cm（27针）

花样编织D

平14行 24-4-1

17.5cm（35针）

11.5cm（38行）

下针编织

3cm（10行）

平加6针　　平加6针

11.5cm（23针）起针

●/■=相同符号处拼接

花样编织B

M=黑色　　区=绿色

M/区=下针编织

花样编织C

M=黑色　　区=绿色

M/区=下针编织

（下转第139页）

NO.36
墨绿色麻花花样背心

彩图见 第 70 页

工具

3.6mm棒针

成品尺寸

衣长43.5cm、胸围78.5cm、背肩宽32.5cm

材料

中粗羊毛线墨绿色260g、白色适量

编织密度

花样编织、下针编织、双罗纹编织
25针×35行/10cm

结构图

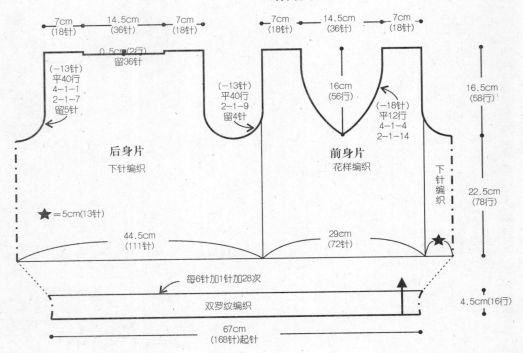

7cm（18针）　14.5cm（36针）　7cm（18针）

7cm（18针）　14.5cm（36针）　7cm（18针）

0.5cm(2行) 留36针

（-13针）平40行 4-1-1 2-1-7 留5针

（-13针）平40行 2-1-9 留4针

16cm（56行）

（-18针）平12行 4-1-4 2-1-14

16.5cm（58行）

后身片 下针编织

前身片 花样编织

下针编织

★=5cm(13针)

44.5cm（111针）

29cm（72针）

22.5cm（78行）

每6针加1针加28次

双罗纹编织

67cm（168针）起针

4.5cm(16行)

款式图

双罗纹编织

后领挑38针

2cm（8行）

左前领挑40针

袖窿挑92针

2cm（8行）

下摆配色表

墨绿色	3行
白色	2行
墨绿色	3行
白色	2行
墨绿色	3行

领、袖窿配色表

墨绿色	2行
白色	2行
墨绿色	2行
白色	4行
墨绿色	4行

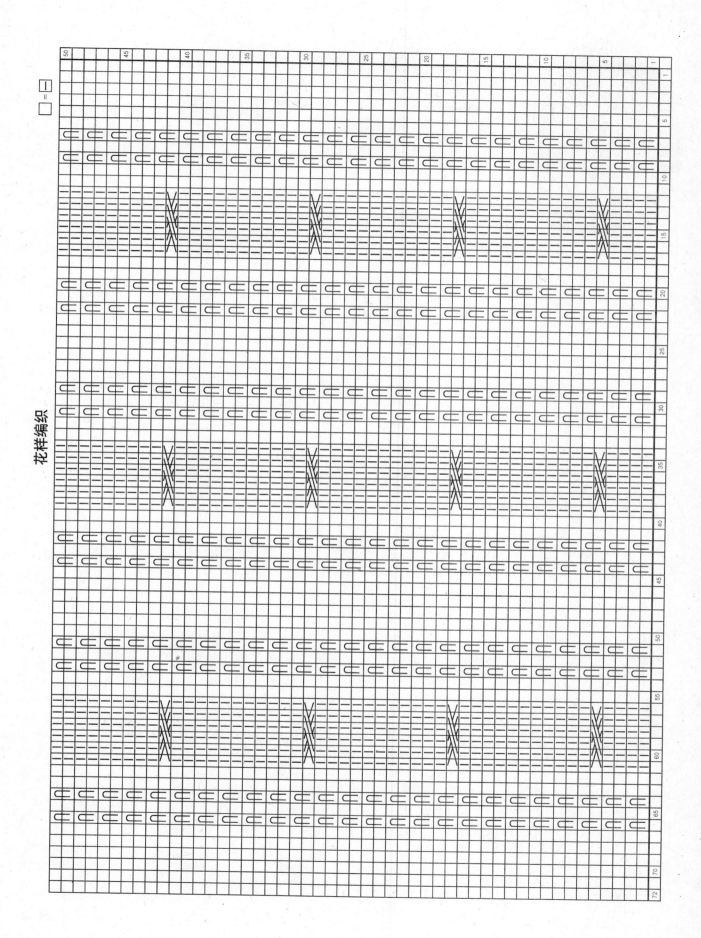

花样编织

NO.37
紫色简约背心

彩图见 第 72 页

工具

3.3mm棒针

成品尺寸

衣长52cm、胸围73.5cm、背肩宽34cm

编织密度

花样编织A、双罗纹编织
32针×42行/10cm

花样编织B　34针×42行/10cm

材料

中粗羊毛线紫色250g、白色适量

结构图

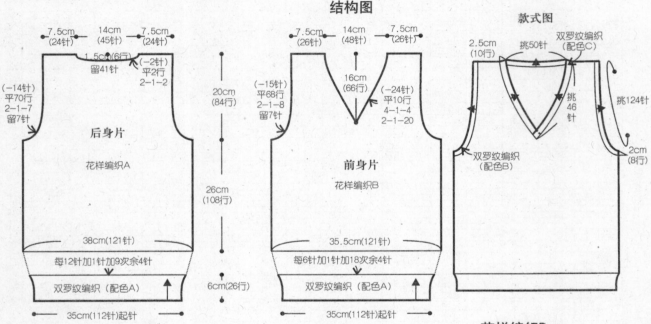

7.5cm（24针）　14cm（45针）　7.5cm（24针）

1.5cm(6行)
留41针

（−2针）
平2行
2−1−2

（−14针）
平70行
2−1−7
留7针

后身片

花样编织A

20cm（84行）

26cm（108行）

38cm（121针）

每12针加1针加9次余4针

双罗纹编织（配色A）

6cm（26行）

35cm（112针）起针

7.5cm（26针）　14cm（48针）　7.5cm（26针）

16cm（66行）

（−15针）
平68行
2−1−8
留7针

（−24针）
平10行
4−1−4
2−1−20

前身片

花样编织B

35.5cm(121针)

每6针加1针加18次余4针

双罗纹编织（配色A）

35cm（112针）起针

款式图

2.5cm（10行）　挑50针　双罗纹编织（配色C）

双罗纹编织（配色B）

挑46针

挑124针

2cm（8行）

花样编织A

花样编织B

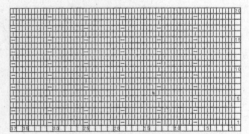

配色A

第1～4行	紫色4行
第5～6行	白色2行
第7～8行	紫色2行
第9～10行	白色2行
第11～14行	紫色4行
第15～16行	白色2行
第17～18行	紫色2行
第19～20行	白色2行
第21～26行	紫色6行

配色B

第1～4行	白色2行
第3～4行	紫色2行
第5～6行	白色2行
第7～8行	紫色2行

配色C

第1～4行	白色2行
第3～4行	紫色2行
第5～6行	白色2行
第7～10行	紫色4行

NO.38
深蓝色带帽拉链外套

彩图见 第 74 页

工具

3.9mm棒针

成品尺寸

衣长53cm、胸围82cm、肩袖长58cm

材料

中粗羊毛线深蓝色1050g、红色、紫色、浅蓝色、白色适量，长53cm的拉链1条

编织密度

花样编织C 28针×35行/10cm
花样编织A、B、D、上下针编织、下针编织、双罗纹编织 24针×35行/10cm

结构图

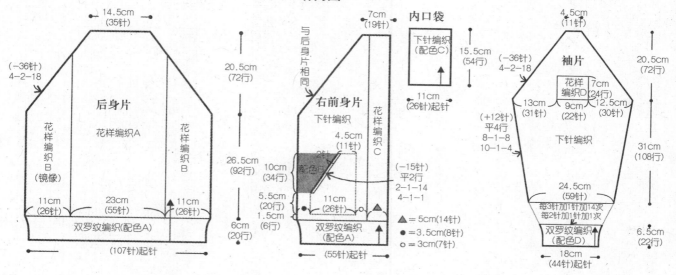

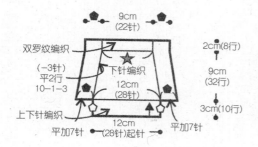

右袖片上口袋

● = 3cm(7针)
★ = 9cm(22针)

◇/⬠ = 相同符号处拼接

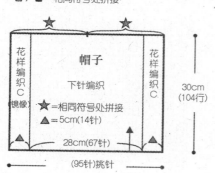

★ = 相同符号处拼接
▲ = 5cm(14针)

配色A

第1~2行	红色2行
第3~4行	深蓝色2行
第5~6行	白色2行
第7~8行	紫色2行
第9~10行	白色2行
第11~12行	深蓝色2行
第13~14行	红色2行
第15~16行	深蓝色2行
第17~20行	紫色4行

配色B

第1~4行	红色4行
第5~8行	紫色4行
第9~12行	白色4行
第13~16行	红色4行
第17~20行	紫色4行
第21~24行	白色4行
第28~28行	红色2行
第29~34行	紫色6行

配色C

第1~20行	深蓝色20行
第21~24行	红色4行
第25~28行	紫色4行
第29~32行	白色4行
第33~36行	红色4行
第37~40行	紫色4行
第41~44行	白色4行
第45~48行	红色4行
第49~54行	紫色6行

配色D

第1~2行	红色2行
第3~4行	紫色2行
第5~6行	白色2行
第7~8行	深蓝色2行
第9~10行	红色2行
第11~12行	紫色2行
第13~14行	白色2行
第315~16行	深蓝色2行
第17~18行	红色2行
第19~22行	紫色4行

右袖片上口袋配色表

第1~12行	浅蓝色12行
第13~16行	深蓝色4行
第17~20行	浅蓝色4行
第21~24行	深蓝色4行
第25~28行	浅蓝色4行
第29~32行	深蓝色4行
第33~34行	浅蓝色2行
第35~38行	深蓝色4行
第39~42行	浅蓝色4行
第43~50行	深蓝色8行

配色E

第1~3行	红色3行
第4~5行	白色2行
第6~7行	红色2行
第8~9行	紫色2行

配F

第1~3行	红色3行
第4~5行	白色2行
第6~7行	红色2行
第8~9行	紫色2行
第10~14行	白色2行

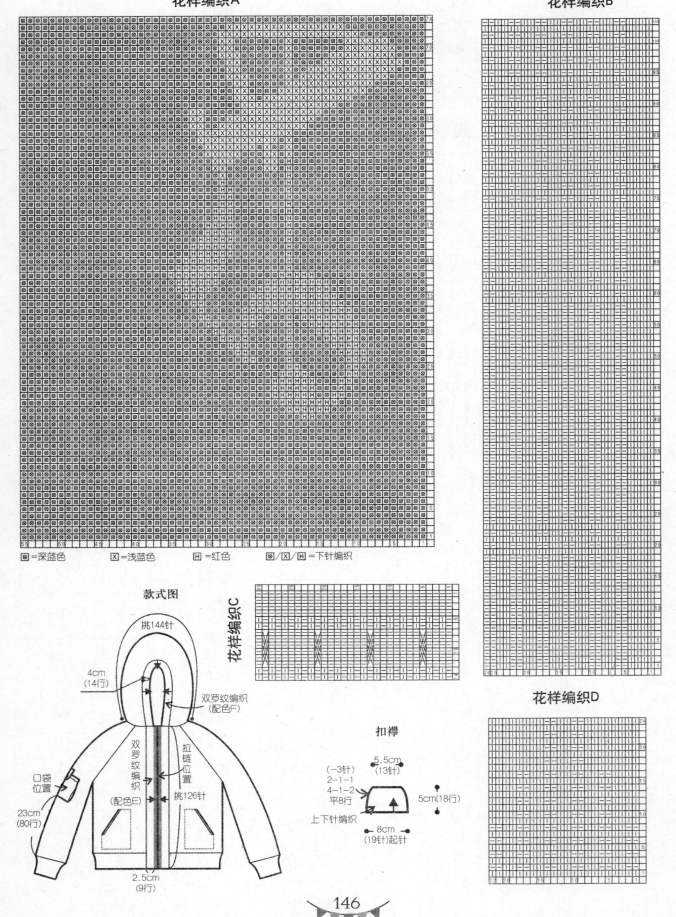

花样编织A

花样编织B

花样编织C

花样编织D

款式图

扣襻

⊠=深蓝色　　　⊠=浅蓝色　　　H=红色　　　⊠/⊠/H=下针编织

挑144针

4cm
(14行)

双罗纹编织
(配色F)

双罗纹编织

拉链位置

口袋位置

挑126针

23cm
(80行)

2.5cm
(9行)

(配色E)

(−3针)
2-1-1
4-1-2
平8行

5.5cm
(13针)

上下针编织

8cm
(19针)起针

5cm(18行)

材料

中粗羊毛线粉色
衣服200g、裤子140g、其他零头
线适量，纽扣6颗

工具

3.3mm棒针、1.75/0号钩针

成品尺寸

衣服：衣长33.5cm、胸围66.5cm、背肩
宽21cm、袖长25m
裤子：裤长41.5cm、腰围28cm

编织密度

下针编织　28针×38行/10cm

结构图

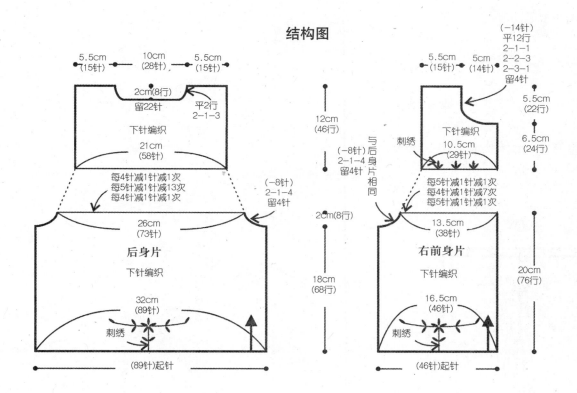

5.5cm (15针)　10cm (28针)　5.5cm (15针)

2cm(8行)
留22针
平2行
2-1-3

下针编织
21cm (58针)

每4针减1针减1次
每5针减1针减13次
每4针减1针减1次

26cm (73针)

(-8针)
2-1-4
留4针

后身片

下针编织

32cm (89针)

刺绣

(89针)起针

(-14针)
平12行
2-1-1
2-2-3
2-3-1
留4针

5.5cm (15针)　5cm (14针)

5.5cm (22行)

6.5cm (24行)

下针编织
10.5cm (29针)

刺绣

每5针减1针减1次
每4针减1针减7次
每5针减1针减1次

13.5cm (38针)

右前身片

下针编织

16.5cm (46针)

刺绣

(46针)起针

12cm (46行)

(-8针)
2-1-4
留4针

与后身片相同

2cm(8行)

18cm (68行)

20cm (76行)

缘编织

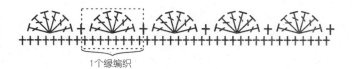

1个缘编织

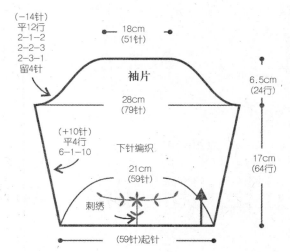

(-14针)
平12行
2-1-2
2-2-3
2-3-1
留4针

18cm (51针)

袖片

28cm (79针)

(+10针)
平4行
6-1-10

下针编织

21cm (59针)

刺绣

(59针)起针

6.5cm (24行)

17cm (64行)

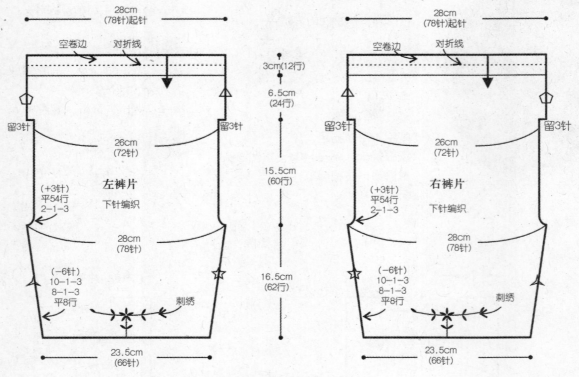

28cm
(78针)起针

空卷边　对折线

留3针　　　留3针

26cm
(72针)

左裤片

下针编织

(+3针)
平54行
2-1-3

28cm
(78针)

(−6针)
10-1-3
8-1-3
平8行

刺绣

23.5cm
(66针)

3cm(12行)

6.5cm
(24行)

15.5cm
(60行)

16.5cm
(62行)

28cm
(78针)起针

空卷边　对折线

留3针　　　留3针

26cm
(72针)

右裤片

下针编织

(+3针)
平54行
2-1-3

28cm
(78针)

(−6针)
10-1-3
8-1-3
平8行

刺绣

23.5cm
(66针)

/△/☆/⬠=相同符号处缝合

款式图

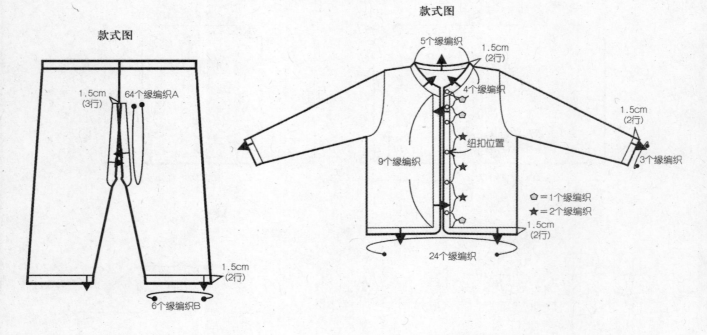

1.5cm
(3行)　64个缘编织A

1.5cm
(2行)

6个缘编织B

款式图

5个缘编织

1.5cm
(2行)

4个缘编织

纽扣位置

9个缘编织

1.5cm
(2行)

3个缘编织

⬠=1个缘编织

★=2个缘编织

1.5cm
(2行)

24个缘编织

缘编织A

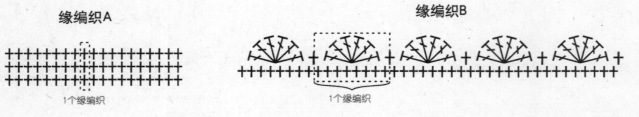

1个缘编织

缘编织B

1个缘编织

NO.40
玫红色可爱图案开衫
彩图见 第 **77** 页

工具

2.4mm棒针

成品尺寸

衣长36m、胸围54.5cm、背肩宽22cm、袖长29cm

材料

中细毛线玫红色200g、白色、黄色适量，直径为20mm的纽扣6颗

编织密度

花样编织A、B，下针编织，双罗纹编织 39针×54行/10cm

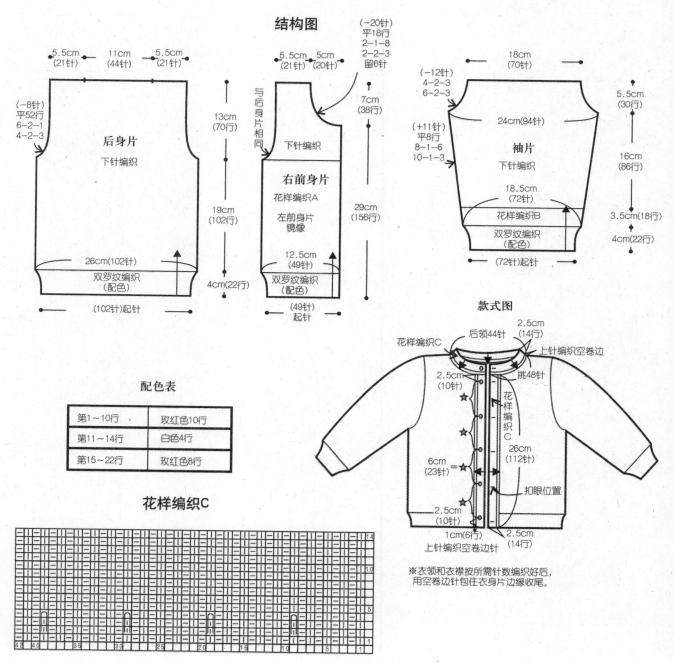

结构图

后身片
下针编织

5.5cm (21针)　11cm (44针)　5.5cm (21针)

(−8针) 平52行 6-2-1 4-2-3

13cm (70行)

19cm (102行)

26cm(102针)

双罗纹编织 (配色)

4cm(22行)

(102针)起针

右前身片
花样编织A
左前身片镜像

5.5cm (21针)　5cm (20针)

(−20针) 平18行 2-1-8 2-2-3 留6针

与后身片相同

下针编织

7cm (38行)

29cm (156行)

12.5cm (49针)

双罗纹编织 (配色)

(49针) 起针

袖片
下针编织

18cm (70针)

(−12针) 4-2-3 6-2-3

(+11针) 平8行 8-1-6 10-1-3

24cm(94针)

5.5cm (30行)

16cm (86行)

18.5cm (72针)

花样编织B

双罗纹编织 (配色)

3.5cm(18行)

4cm(22行)

(72针)起针

配色表

第1~10行	玫红色10行
第11~14行	白色4行
第15~22行	玫红色8行

款式图

后领44针

花样编织C

2.5cm (14行)

上针编织空卷边

挑48针

2.5cm (10针)

2.5cm (10针)

花样编织C

6cm (23针)

26cm (112针)

扣眼位置

2.5cm (10针)

1cm(6行)

2.5cm (14行)

上针编织空卷边针

※衣领和衣襟按所需针数编织好后，用空卷边针包住衣身片边缘收尾。

花样编织C

149

花样编织A

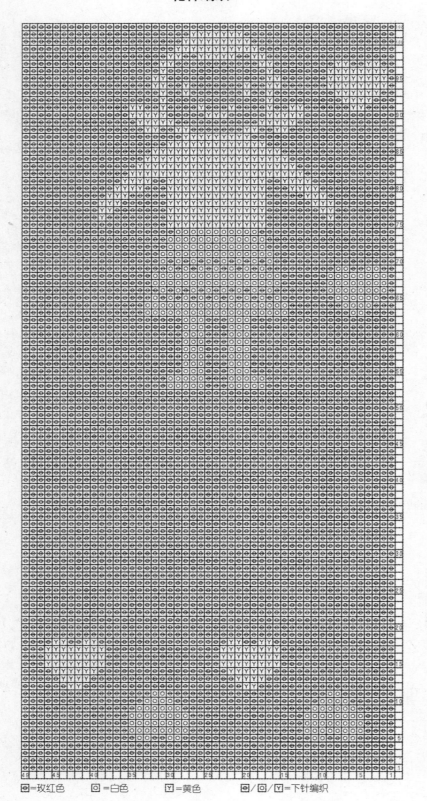

花样编织B

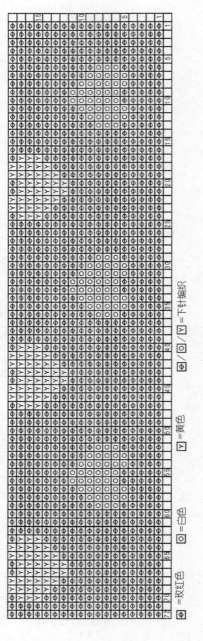

⊕=玫红色　　　◎=白色　　　Y=黄色　　　⊕/◎/Y=下针编织

⊕=玫红色　　　◎=白色　　　Y=黄色　　　⊕/◎/Y=下针编织

150

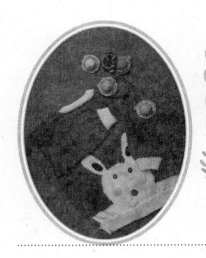

工具
3.6mm棒针

成品尺寸
衣长37.5cm、胸围65cm、背肩宽24.5cm、袖长28.5cm

材料
中粗羊毛线红色200g、白色80g、其他适量，直径为20mm的纽扣7颗

编织密度
花样编织A、B，下针编织，双罗纹编织30针×40行/10cm

结构图

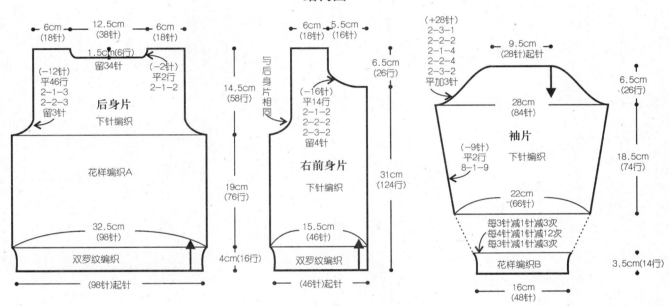

6cm(18针)　12.5cm(38针)　6cm(18针)
1.5cm(6行)留34针
(−12针)平46行 2-1-3 2-2-3 留3针
(−2针)平2行 2-1-2
后身片 下针编织
花样编织A
32.5cm(98针)
双罗纹编织
(98针)起针

6cm(18针)　5.5cm(16针)
6.5cm(26行)
与后身片相同
(−16针)平14行 2-1-2 2-2-2 2-3-2 留4针
右前身片 下针编织
14.5cm(58行)
19cm(76行)
31cm(124行)
15.5cm(46针)
双罗纹编织
4cm(16行)
(46针)起针

(+28针)
2-3-1 2-2-2 2-1-4 2-2-4 2-3-2
平加3针
9.5cm(28针)起针
28cm(84针)
袖片 下针编织
(−9针)平2行 8-1-9
22cm(66针)
每3针减1针减3次 每4针减1针减12次 每3针减1针减3次
花样编织B
6.5cm(26行)
18.5cm(74行)
3.5cm(14行)
16cm(48针)

款式图

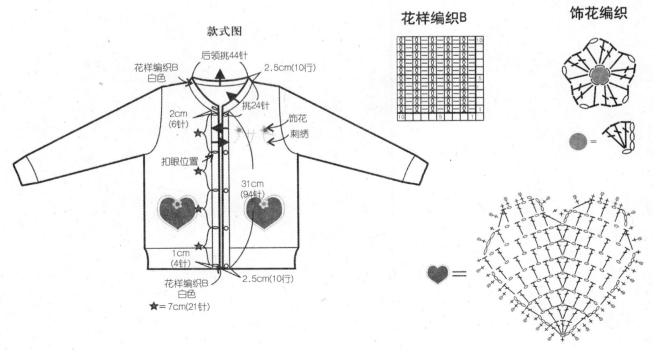

款式图
后领挑44针
花样编织B 白色
2.5cm(10行)
挑24针
2cm(6针)
饰花 刺绣
扣眼位置
31cm(94针)
1cm(4针)
花样编织B 白色
★=7cm(21针)
2.5cm(10行)

花样编织B

饰花编织

● =

花样编织A

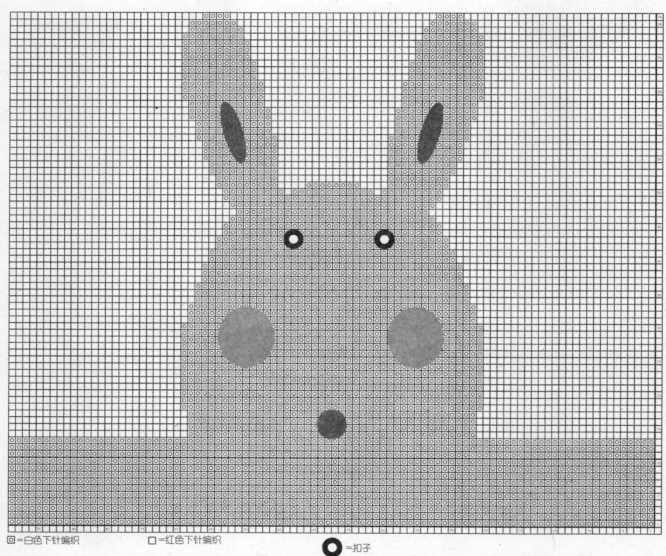

回=白色下针编织　　　　　□=红色下针编织　　　　=扣子

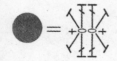　　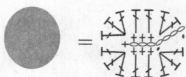

工具

3.6mm棒针

材料

中粗羊毛线白色400g

成品尺寸

衣长44.5cm、胸围60cm、背肩宽25.5cm、袖长39.5cm

编织密度

花样编织A、B，单罗纹编织
27针×30行/10cm

结构图

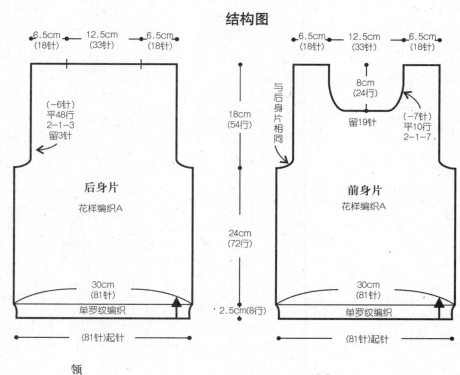

6.5cm (18针)　12.5cm (33针)　6.5cm (18针)

（-6针）
平48行
2-1-3
留3针

后身片
花样编织A

18cm (54行)

24cm (72行)

2.5cm(8行)

30cm (81针)

单罗纹编织

(81针)起针

6.5cm (18针)　12.5cm (33针)　6.5cm (18针)

与后身片相同

8cm (24行)

留19针

（-7针）
平10行
2-1-7

前身片
花样编织A

30cm (81针)

单罗纹编织

(81针)起针

领

后领挑34针

3.5cm (10行)

花样编织B

前领挑62针

花样编织B

□ = 一

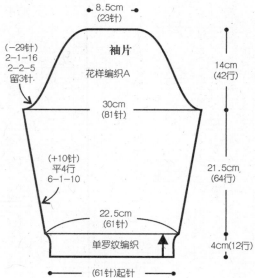

8.5cm (23针)

（-29针）
2-1-16
2-2-5
留3针

袖片
花样编织A

30cm (81针)

14cm (42行)

（+10针）
平4行
6-1-10

21.5cm (64行)

22.5cm (61针)

单罗纹编织

4cm(12行)

(61针)起针

花样编织A

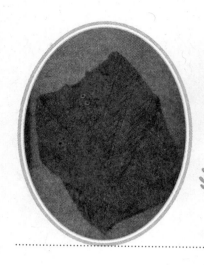

NO.43
深蓝色圆领套头衫

彩图见 第 79 页

工具

3.3mm棒针

成品尺寸

衣长48cm、胸围78cm、背肩宽28cm、袖长44.5cm

材料

中粗羊毛线深蓝色500g，直径为15mm的纽扣4颗

编织密度

花样编织、双罗纹编织
34针×38行/10cm

结构图

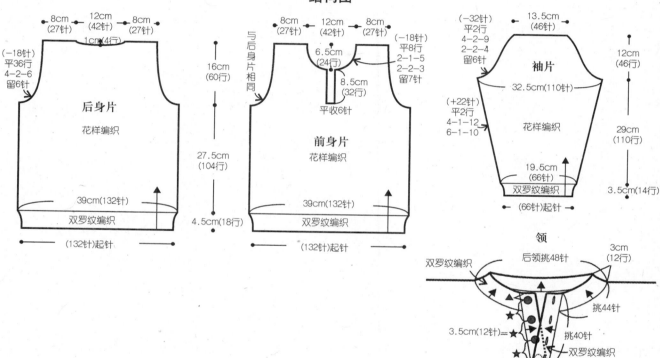

花样编织

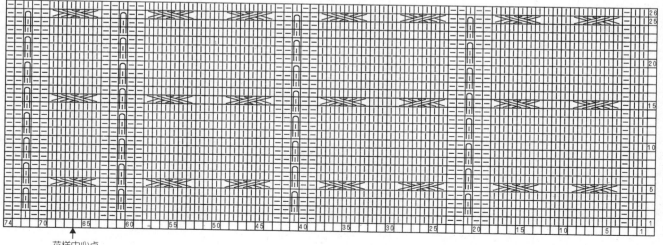

花样中心点

工具

3.6mm棒针

成品尺寸

衣长42cm、胸围85cm、背肩宽35cm、
袖长31.5cm

材料

中粗羊毛线白色660g，拉链1条

编织密度

花样编织C 24针×34行/10cm
花样编织A、B、D，单罗纹编织
27针×34行/10cm

结构图

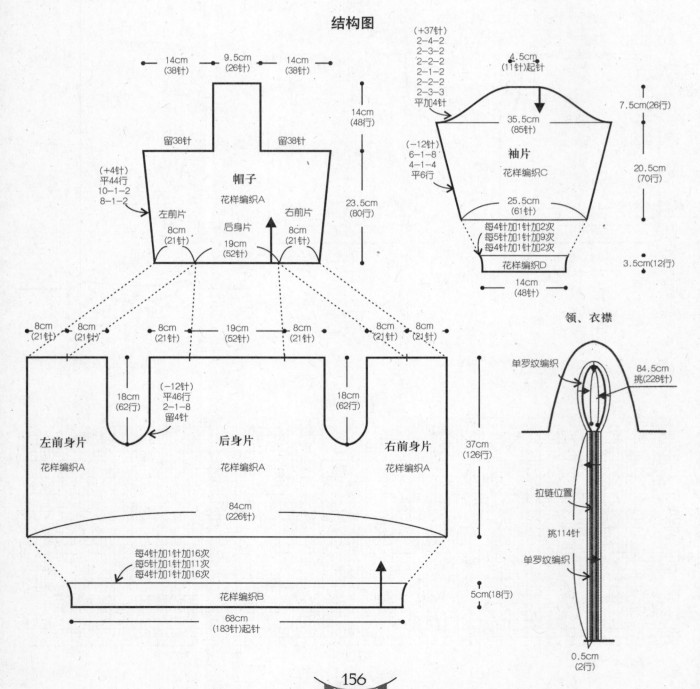

14cm
(38针) 9.5cm
(26针) 14cm
(38针)

14cm
(48行)

留38针 留38针

(+4针)
平44行
10-1-2
8-1-2

帽子
花样编织A

左前片 后身片 右前片

8cm
(21针) 19cm
(52针) 8cm
(21针)

23.5cm
(80行)

(+37针)
2-4-2
2-3-2
2-2-2
2-1-2
2-2-2
2-3-3
平加4针

4.5cm
(11针)起针

35.5cm
(85针)

7.5cm(26行)

(-12针)
6-1-8
4-1-4
平6行

袖片
花样编织C

20.5cm
(70行)

25.5cm
(61针)

每4针加1针加2次
每5针加1针加9次
每4针加1针加2次

花样编织D

3.5cm(12行)

14cm
(48针)

8cm
(21针) 8cm
(21针) 8cm
(21针) 19cm
(52针) 8cm
(21针) 8cm
(21针) 8cm
(21针)

18cm
(62行) (-12针)
平46行
2-1-8
留4针 18cm
(62行)

37cm
(126行)

左前身片
花样编织A 后身片
花样编织A 右前身片
花样编织A

84cm
(226针)

每4针加1针加16次
每5针加1针加11次
每4针加1针加16次

花样编织B

68cm
(183针)起针

5cm(18行)

领、衣襟

单罗纹编织 84.5cm
挑(228针)

拉链位置

挑114针

单罗纹编织

0.5cm
(2行)

花样编织A

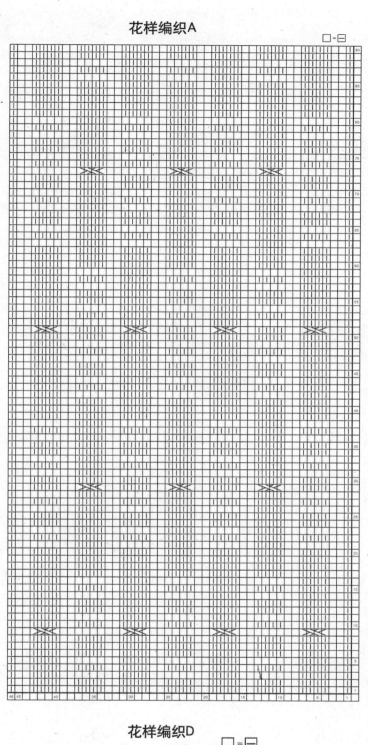

□=□

花样编织B

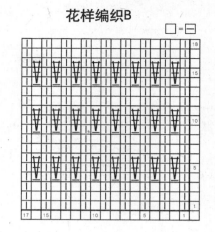

□=□

花样编织C

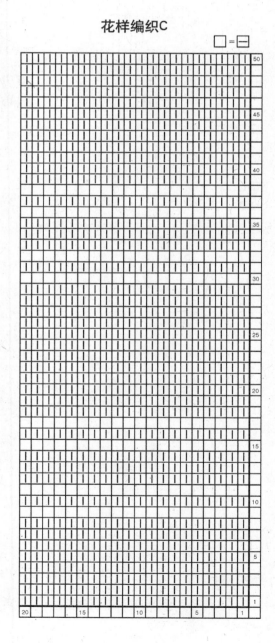

□=□

花样编织D

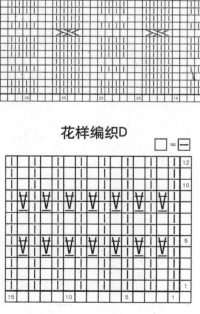

□=□

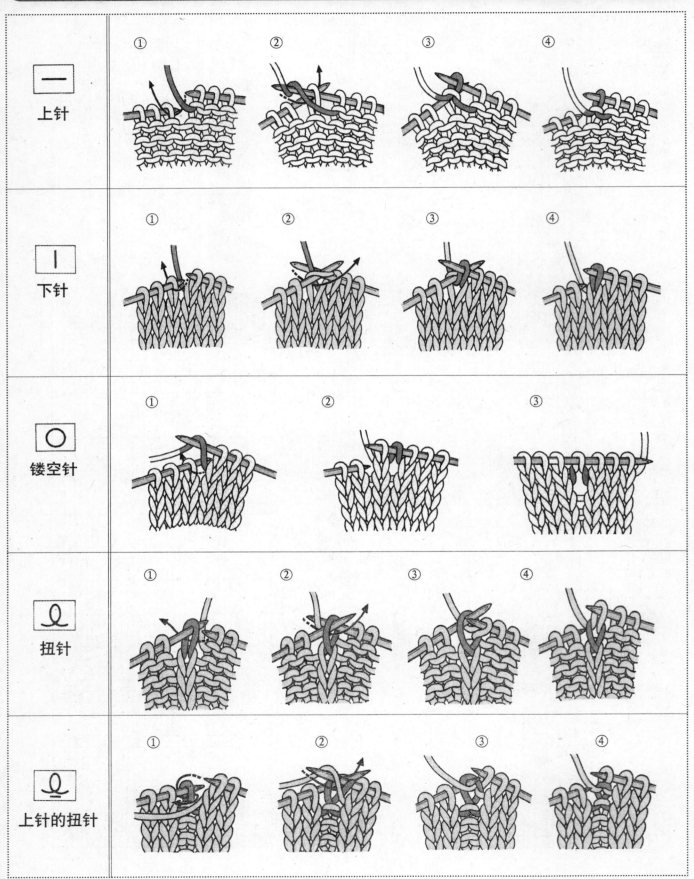

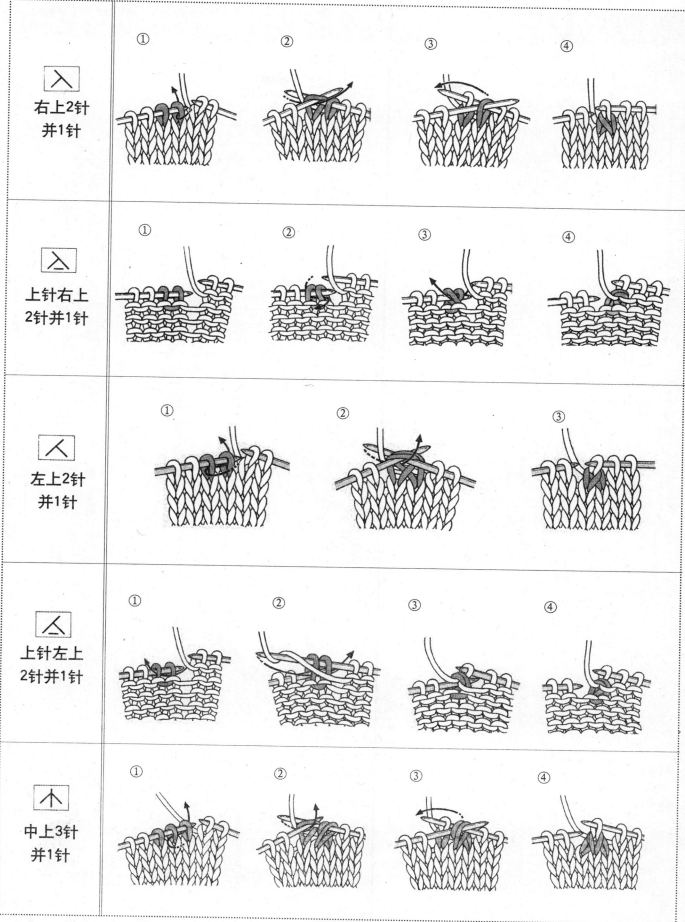

	①	②	③	④
入 右上2针 并1针				
入 上针右上 2针并1针				
人 左上2针 并1针				
人 上针左上 2针并1针				
个 中上3针 并1针				

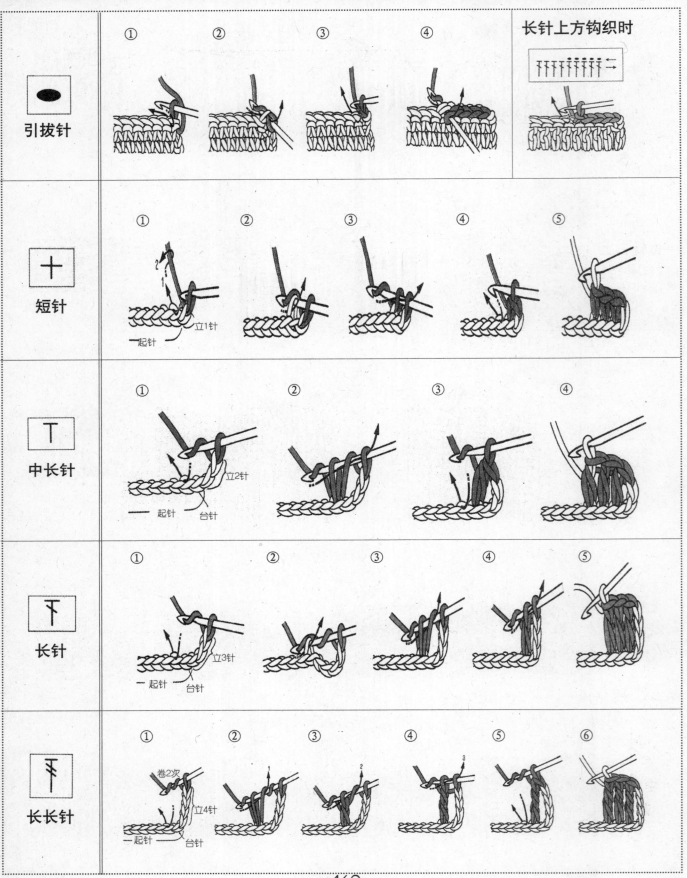

| 引拔针 | ① | ② | ③ | ④ | 长针上方钩织时 |

短针

中长针

长针

长长针